# 狗狗这样吃最健康
## The Food for Dogs

绘里医生（Dr.Ellie）

编著

 海峡出版发行集团
THE STRAITS PUBLISHING & DISTRIBUTING GROUP | 福建科学技术出版社
FUJIAN SCIENCE & TECHNOLOGY PUBLISHING HOUSE

你认为，你的狗朋友

该吃什么样的食物？

## 推荐序 / **给狗狗的鲜食书**

动物沟通师 *Leslie*

我是蛮爱看食谱散文的人，但看多了不免有个印象，几乎所有的食谱都会与"爱"联系在一起。那年冬天与恋人在路边摊吃的一碗担仔面、准备联考时妈妈为自己细火慢炖的一碗鸡汤，往后的人生岁月里，吃到那碗面、喝到那碗汤，总不免想起心中对自己来说重要的人。

是啊，食物就是爱的表现、爱的印记，我们用食物来铭记爱，来表达爱。对于毛小孩，我们也用食物来表达我们满满的爱。

近年来为毛小孩亲自做鲜食的人越来越多，为了它们的健康，为了它们能够陪我们更久，每位主人无不跟各种各样的蔬食、肉类等食物拼了！"自己吃东西都没那么讲究。"我有时都这样嘲讽自己。

只是，为毛小孩做鲜食，我们真的做好做对了吗？前几天到姐姐家作客，意外发现姐姐拿出有机的高级饲料喂毛小孩们。

"咦？不是改换喂鲜食了吗？"我疑惑发问。没想到姐姐苦着脸说："前阵子跟兽医聊天，兽医说许多吃鲜食的毛小孩，最后都会有些营养不均衡的状况。""那我也没办法啊，想给它们吃好，又怕它们营养不够，最后才想出这种一餐鲜食一餐饲料的做法。"姐姐边舀饲料到狗狗碗里边无奈回应我。

狗狗的生理构造与我们不同，除了不该吃的不能吃，该吃什么、该如何分配，也是一门大学问，也因为这样，才让用心的主人落到不知该怎么做是好的窘境。

Dr.Ellie 从狗狗的生理构造介绍起，告诉我们狗狗需要的营养素及比例，以及可以摄取的各种蔬果、海鲜肉类，当然还有各种禁忌食材的详细介绍。其中我最喜欢她特别为中国台湾狗狗编写的"小狗四季蔬菜历与水果历"。我想起有一次去菜市场，面对成堆的新鲜蔬菜，我却站在一旁疯狂上网搜索"狗狗能不能吃茄子"。"紫色的食物狗狗真的能吃吗？"那时候我的内心一直这样疑惑着。现在有这样清楚的列表说明，相信这些囧事不会再发生在我身上了。

我们都想给我们的毛小孩最好的，但我常比喻不适合的爱就像炖牛肉给吃素的人一样。不适合的爱，有时反而可以是一种伤害。正如书里面提到的一句话："自家鲜食可以是狗最好的，也可能是最糟的食物！"

想亲自制作鲜食给毛小孩前，想用满满的爱呵护它以前，先看完这本书吧！你会有大大收获的！

作者序 / **因为了解，所以更加谨慎**

Dr. Ellie

嗨！我亲爱的读者。

很高兴你正翻阅这本书，我想这代表你想深入了解狗狗的决心已开始萌芽。希望你能将这本有点深度的书从头到尾，一字一句，完整地读过一遍后，再告诉你的兽医，你已放下身为人类的骄傲与成见，准备好要成为狗狗的御用大厨。不瞒各位，身为一位热爱跟自家狗分享新鲜美食的医生，一直以来，我还是会在诊间奉劝许多跃跃欲试的狗猫家长，不要给你的毛小孩吃鲜食。因为，我担心你可能还没准备好。

近年来，不难在宠物圈里察觉到这样的情况，"宠物鲜食"这个名词不免有些浮夸了。很多人希望我将宠物营养用简单的比例或公式加以概括，有的人会希望通过饮食来达成可能的疗效。我只能说抱歉，在我所接触的科学知识，以及我想传递给大众的观念里，我不能告诉你食物可以治愈疾病。除非，你的狗出现的问题确实因营养失衡而起，因为缺乏或过度摄取某些营养素而产生问题，又或者对特定食材过敏，那么调整成正确饮食的确可以改善这些状况。但除此之外，生病还是需要医疗介入，就像长肿瘤的人不可能只吃海藻就会痊愈。

这几年大大小小的课程、讲座，每一次的结语都是我最重视的部分。酝酿这本书一年多，终于要写下最后篇章，于是我思考了很久，在书的最前面我们要用什么心情

来相遇？我想那就是——谨慎，如同我们在手术室里碰面一般。

我在这本书里想跟大家说的，不是吃鲜食能消除泪痕，我的食谱也不是一种治百病的神奇配方。我要做的，是带着大家去了解，我们将要为什么样的对象洗手做羹汤。我们招待的是一群纯真又贪吃的小食客，因为它们与众不同，所以我们要学习如何在日常准备适合它们的食物。

将适当的营养送到动物家人的餐桌上，在它们健康时如此，生病时亦然。

我所斤斤计较的营养，不能简化，没有捷径，只能按部就班执行。然而，我也希望，大家在阖上这本书的时候，不要有太大的压力。用你所学到的知识与科学理念，衡量狗狗怎么吃最健康，你只需要评估自己，并在能力范围里面尽你所能，给你的动物家人最好的食物。在能力所及的范围里面，给你的毛小孩最好的，它的这辈子就足以拥有最幸福的生活。

谢谢所有参与这本书的同事，我最亲爱的编辑兼好友斯韵，最幸运的事就是被你捡到然后一起快乐地写书。谢谢我的美编和摄影伙伴，谢谢你们不厌其烦配合我诸多天马行空的想象，还有极尽控制狂的性格。我们终于一起走过了这段时光，没有你们，这本书将不会顺利完成。谢谢我的家人、男友以及写一手好字的好友孟颖，感谢他们这些日子给予的无限的支持与陪伴。谢谢我的宝贝米蒂，因为有你，让我们的厨房旅程绽放成两百五十几页的故事。

# 目 录

# 第一章

## 狗的基础营养概念

Nutrition Concept For Dogs

在动手做鲜食之前，

先深入了解狗的身体状况、营养需求，

有哪些不同于人类的喜好，

或该特别注意的事，

唯有真正了解自己的狗，才有资格介入它的饮食。

# 1-1 在跟狗宝贝分享食物之前

## 准备健康的身心

从狗狗小的时候，我们就必须帮它建立完整的疫苗免疫状态，确保狗狗体内有足够的抗体能保护它们不会受到特定传染病侵害。完成第一年的任务后，接着每年接种加强疫苗，以及每月进行心丝虫与其他寄生虫的预防，都是主人必做的准备。在这努力不懈的过程中，同时帮狗狗选择一位家庭医生，这位医生将能提供医疗与照护上的建议，替狗狗记录每一次疫苗接种、检查结果，或是协助特殊病例转诊至合适的医疗中心。

在进入熟龄期之前，至少带狗狗到医院进行1~2次完整的健康检查，这份报告将可作为未来报告的比较基准（base line）。选择以自制鲜食为主食的家庭，应在调整饮食之前与之后约半年时，请医生帮忙评估营养状况，进行深入的健康检查，了解狗狗的身体状况是否适合调整饮食，或者应该选择什么样的鲜食食谱，确保餐点的制作方法与营养比例适合自己的狗。

狗狗步入熟龄期之后，至少保证每年一次的定期健康检查，出现特定疾病时，更需密切与医院配合，根据狗狗的状况进行半年一次甚至每月一次的复诊追踪。以温柔坚定、平静放松的心情陪伴你的毛小孩，做它们坚强温暖的后盾，并信任你所选择的医生，让狗狗拥有健康幸福的高龄生活。

# 窥探原始犬族的一餐

犬在分类上属于食肉目，目前认为郊狼是其祖先，靠着猎食或吃腐肉维生，猎捕小型哺乳动物如老鼠，或鸟禽，或两栖动物如青蛙等[注1]。它们也会吃一些草食性动物，像是鹿、水牛、羚羊、斑马等，狼群会将捕捉到的猎物连同其内脏一起吃掉，所以多少会吃进草食性动物胃肠道中的草。

因此，植物也是犬族原始餐点中的一部分[注1]。若是更深入追究起来，狼事实上偶尔也会拣一些落果吃，像是甜瓜、莓果、柿子，甚至采食森林里的蕈菇。简单来说，虽然身为食肉目的一员，原始的犬科动物其实是伺机性的食客，能找到什么就吃什么，并非严格的肉食兽，因此其发展出了一套独特的消化结构与生理特性，可以消化各式各样的食物。

## 学习正确的宠物鲜食知识

"自家鲜食可以是对狗来说最好，也可能是最糟的食物！"美国一位致力于提倡宠物自然饮食的兽医——卡伦·贝克尔（Dr. Karen Becker）曾这么说。在他公布的一项宠物食品排名里面，把仅依据人的饮食观念而随意烹调的自家鲜食列在排行榜的最末，这些鲜食多半缺乏完整的营养，长期给狗作为主食将导致严重的后果，这也是我不乐意见到的事情。

我希望读者能仔细阅读接下来的章节，了解狗与人之间的差异，学习自制鲜食应具备的知识、应注意的营养素，掌握鲜食的优点与劣势，懂得观察自己狗狗的身体状况。让狗狗在尝试新鲜食物的时候，面对食物转换出现某些症状也不会过度惊慌，明白该如何调整，才不会踏出了第一步立刻又因为误解而走回头路。

# 1-2 了解它们真正的营养需求

## 消化器官与鲜食

经过适当的裁切，食物才能轻易通过食道进入胃肠，适当大小的食团也比较容易消化。肉食动物的口腔特点是下颚关节不能左右移动，不像草食动物一样具备研磨纤维的功能，只能上下开阖，用来机械性地处理食物。如果食物太大块，有时候两只前脚会派上用场：用前脚压住肉块然后借强壮的咬合肌紧紧咬住，再用门齿与犬齿猛力撕下猎物的肌肉，快速吞下，当食物中有少量纤维，狗也能用臼齿稍微碾压处理。

比较猪、狗、猫、人四种动物的齿式可以发现（见第19页表格），狗的臼齿较猫的臼齿数量多，意味着狗处理的食物较猫的更需要咀嚼，狗的齿式甚至与杂食性的猪有些相似！事实上犬科动物的臼齿平面虽比猫来得大，相较于杂食、草食动物仍然小得多，并非专门设计来咀嚼食物用，它们多半都是狼吞虎咽，可想而知，提供给它们的食物必须大小适中，若有植物纤维还要事先处理过（如同原始生活中猎物消化道里的草，也是事先处理过的形态）。

**口腔构造**

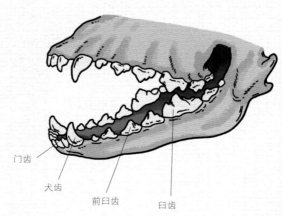

门齿

犬齿

前臼齿

臼齿

狗的唾液跟人类不同，几乎不能分解淀粉，主要用来润滑，方便食物输送。另一功能是混合食物，将香味分子溶解出来，刺激嗅觉细胞，让狗享用一顿风味十足的餐点。狗虽然跟人一样可以感受到五味：酸、甜、苦、咸及鲜味（Umami，肉的味道），但它们的味蕾数量没有人多，所以味觉感受较人类迟钝，除了对肉的味道敏感，它们不会像人一样强烈渴望咸味。

狗跟人一样能感受甜味，一些带甜味的水果或蔬菜，如苹果、芭乐、胡萝卜、南瓜、地瓜等，都很受狗狗的欢迎。也因为狗狗喜欢甜食，常会因为乱吃某些不能吃的蔬果或巧克力而中毒。

整体来说，与其说他们在"尝"食物的味道，倒不如说他们比较注重在食物"闻"起来怎么样，因为狗狗的嗅觉比味觉要敏锐得多。它们特别在意餐点闻起来够不够香，而实际上吃起来的味道如何，就不像人类这么讲究了。

✓ 猫咪是严格的肉食动物，他们的舌头上没有甜味味蕾，因此对甜食没有特别喜爱，只在乎猎物的肉是否新鲜。动物医院因为知道这样的差异性，所以开药的时候会特别地为狗病人准备糖浆配药，而为了尽量不要让猫咪接触到苦味（苦味对动物来说就是毒物，而敏锐的味觉是很重要的保护机制），则开给主人胶囊，让猫咪可以快速吞下苦口的良药。

✓ 狗的舌头上有 1700 个味蕾，猫只有大约 470 个，人类则有多达 9000 个！不过人的嗅觉细胞最多只有 1000 万个，而狗的嗅觉细胞远远领先人类，估计有 2 亿个。

**猪、狗、猫与人的齿式**

| | | 门齿 | 犬齿 | 前臼齿 | 臼齿 | 总计 |
|---|---|---|---|---|---|---|
| 猪 | 单侧上排 | 3 | 1 | 4 | 3 | 44 |
| | 单侧下排 | 3 | 1 | 4 | 3 | |
| 狗 | 单侧上排 | 3 | 1 | 4 | 2 | 42 |
| | 单侧下排 | 3 | 1 | 4 | 3 | |
| 猫 | 单侧上排 | 3 | 1 | 3 | 1 | 30 |
| | 单侧下排 | 3 | 1 | 2 | 1 | |
| 人 | 单侧上排 | 2 | 1 | 2 | 3 | 32 |
| | 单侧下排 | 2 | 1 | 2 | 3 | |

**狗与猫的饮食偏好**

| | 犬 | 猫 |
|---|---|---|
| 苦味 | 讨厌 | 讨厌 |
| 甜味 | 喜欢 | 无感受性 |
| 酸味 | 喜欢 | — |
| 咸味 | 太咸的话不喜欢 | |
| 油脂 | 喜欢高脂肪（尤其是猫） | |
| | 没有讨厌特定脂肪 | 特别喜欢动物油脂 |
| 鲜味（肉味） | 中等喜欢 | 高等喜欢 |
| 温度 | 冷的、温的皆可 | 喜欢温食（20~40℃） |

## 胃部构造

　　胃就像是一只暂时的食物储存袋，一次能装多少食物跟这个袋子的延展性有关。典型的野生犬科动物通常一天只吃一到两餐，就必须满足一天的能量需求，所以它们的胃应具有很好的扩张功能，才能在短时间内快速容纳大量的食物，这跟猫科动物一天吃十几二十次的少量多餐的进食模式大不相同，狗的饮食模式称为"间断进食"。

　　制作鲜食的时候，要考虑到狗的胃部容量大小，去调整餐点的体积与热量（也就是热量密度，请参考第 116 页），在饱足感与热量间取得平衡，才不会不知不觉摄入太多热量。

## 肠道构造

　　犬的消化道长度，并不像人类、草食性动物与杂食性动物这么长，主要是为了应付生吃腐肉时会吃进的细菌。不要让细菌在体内停留太久，细菌便不会有充足的时间滋生，很快就会被排到体外，也就不会危害健康。一般来说，犬猫吃下一顿比例正确的食物，用以消化这一餐的时间比人快两到三倍。

　　小肠是食物经过胃搅拌成食团后送入的第一站，食物在小肠里进行大部分的消化、吸收工作，这里也是消化酶主要作用的地方，即将大分子的营养素消

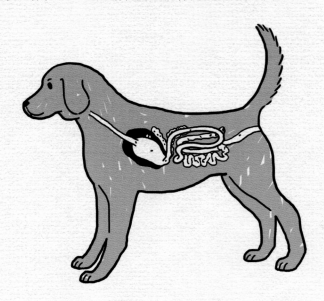

化成可供吸收的小分子状态。当食物越多样化，小肠内酶要负责处理的手续就越多，需要的时间越长，所以饮食内容越复杂的动物小肠容积越大。狗相较于肉食性的猫科动物而言，小肠容积较大，食物在小肠内停留的时间较猫长，有更多时间好好消化与吸收，显然狗比猫更偏向杂食性，它们的肠胃道被赋予应付除了肉以外，更多样化食物的能力。

当食团中营养吸收告一段落后，剩下来的难以消化吸收的物质会进入大肠，大肠内的细菌可以利用特定的植物纤维产生一些短链脂肪酸，供应肠道上皮细胞营养，不过犬猫体内的大肠内有益菌量比人少，能处理的纤维量也没有人这么多。同时，大肠会负责吸收食团的水分，一面吸水一面将剩下的残渣向后推，堆积成一条成形、致密的粪便。只要粪便不要在此停留太久，一条健康的粪便应该是稍微湿润、不会太干硬才对。

**羊、猪、狗与猫的消化道容积比较（%）**

| 动物 | 胃 | 小肠 | 大肠 | 肠管长：体长 |
|------|------|------|------|------|
| 羊 | 66.9 | 20.4 | 12.7 | （25~30）：1 |
| 猪 | 29.2 | 33.5 | 37.3 | 25：1 |
| 狗 | 62.3 | 23.3 | 14.4 | 6：1 |
| 猫 | 69.6 | 14.6 | 15.9 | 4：1 |

※ 羊以第一胃占80%，第四胃占10%计算

犬科动物的肠道有杂食兽的特性，狗的小肠容积大约占整体消化道容积的23%，而猫只有大约15%。狗的消化道与体长比例约是6：1，而猫是4：1，杂食动物如猪是25：1。

# 酶

　　大自然准备给狗狗的食物中，其实含有一些酶。因为当它们享用原始餐点时，会同时吃进猎物胃肠道里面的消化液，这些酶混合着一起进入消化系统中，正好帮忙消化了食物，所以很自然的，狗体内生产的消化酶，并不像真正的杂食兽这么充足。现代犬猫由于饮食中大多不含消化酶来帮忙消化食物，所以吃到某些不适宜的食物，就可能因为消化不良而产生急性的呕吐、拉肚子症状。

**令人着迷的犬科动物**

- 嗅觉比人类灵敏 10000 倍，味觉较人类迟钝。
- 拥有 42 颗比人类尖锐 5 倍的牙齿。
- 几乎没有唾液淀粉酶，唾液较人类而言呈碱性。
- 胃有很好的延展性能储存大量的食物，而胃液较人类酸，可溶解骨头与杀菌。
- 消化速度是人的 2~3 倍（狗的消化时间为 12~30 小时，人为 36 小时至 5 天）。
- 细菌主要在大肠发酵食物中的纤维。
- 食肉目，却能消化杂食性的食物。

# 认识狗必需的六大营养素

## 水 Water
### 生命中最重要的物质

身体如果在短时间内流失大量的水分，就会立即死亡，因此，说水是必需品也不为过。水在身体内作为一种溶剂，承载着无数的代谢、输送反应，还帮助稳定体温、营造适合细胞工作的环境，当水离开身体时也会顺道带走那些不需要的废物、毒素。从水进入身体的那一刻起，直到被排出，它默默参与了体内的大小事，身体的水循环日复一日进行着，因此水每天的进与出，必须维持稳定平衡。

每天身体代谢的过程中，狗会排出一定的尿量，以清除蛋白质代谢后产生的尿素及其他废物，排便也是水分流失的途径，正常新鲜的粪便会带有适量的水分，若是有拉肚子或呕吐的情形，也会额外流失大量的水。其他水排出的方式还有流汗、呼吸、喘气等。

### 维持水平衡

为了让狗狗身体有充足的水，就必须注意维持进入与离开身体的水量的平衡。获得水分的来源主要有饮水、食物中的水与生理代谢过程产生的水，其中前两项为最主要来源。不同的饮食形

**每日水分进出表**

进 In　　　　　　　　　▲　　　　　　　出 Out

态会导致饮水和食物这两个来源比例的不同：若是以平均8％含水量的干饲料为主食的狗，那么它就需要大量喝水来补充水分；而以70％～80％含水量的湿食为主食的狗，在吃饭时就已同时获得许多水，那么饮水量自然就不必多。

假设一只动物每天需要100cal（1cal≈4.2J）热量，若以每日需水量数值约等于热量需求数值粗略计算，大致可估计每日需获得水分100ml（见下方表格），在吃干饲料的状态下，就要再喝98ml水才够，而吃湿食的动物只需再喝30ml水，吃干饲料的动物比吃湿食的动物要多喝约3倍的水（见下方表格）。

研究指出，食物含水量超过67％的时候，狗猫几乎可不依靠额外饮水来平衡身体水分[注1、注2]。但当食物含水量较低时，狗比较能自己喝到足够的水量，但猫不行，所以吃干食的猫经常是处于慢性缺水的状态[注3]。

**干饲料与湿食分量比较**

| | 热量密度 | 含水量 | 每日吃多少克 | 这份食物可获得的水量 | 若要达到每日100ml饮水量 |
|---|---|---|---|---|---|
| 干饲料 | 4cal／g | 8％ | 25g | 2g | 须再喝98ml |
| 湿食 | 1cal／g | 70％ | 100g | 70g | 须再喝30ml |

所以，狗一天究竟需要多少水才够呢？在一般状态下，需水量要等于流失量（也就是排尿、排便、呼吸等方式排出的水量）。

**正常每天水分流失量估计**

✓ 体重（kg）×（50~60）＝ 每天所需水量（ml）

✓ 另一种估计方式：狗一天所需水量（ml），大约等于一天所需热量（kcal）（1cal≈4.2J）的数值若狗狗有其他的水分流失，例如呕吐、拉肚子、尿崩症，则需额外评估这些流失的水量，可以用尿布垫吸水，将吸饱呕吐物或排泄物水分的尿布垫称重，比较新尿布垫与脏尿布垫的重量差得知大约的量。一天多失去了多少的水，就应该要额外加入原本估算的量里面补充回来。

例如：狗狗小米一天基本的需水量估计是 160ml，当小米一天的呕吐约流失了 30g 的水分（以 1g 水大约等于 1ml 水估计），那么为了小米的水平衡，小米今天需水量约 160 + 30 = 190ml

在炎热的夏天，狗为了要散热会张嘴喘气，但是喘气蒸发的水分很难估计，所以夏天要记得随时提供狗狗充足的饮用水，多放几盆水是个不错的点子。

### 什么是"生理代谢产生的水"

来自蛋白质、脂肪、碳水化合物氧化后所产生的水分子。

身体氧化 100g 的脂肪可产生约 107ml 的水；氧化 100g 的碳水化合物可产生 55ml 的水；氧化 100g 的蛋白质可产生 41ml 的水，其中氧化脂肪所产生的水最多。
但这些氧化反应所得到的水量，只占动物一天所需的 5%~10% 而已，并不能维持身体的水平衡。

注 1. Danowski TS, Elkinton JR, Winkler AW. The deleterious effect in dogs of a dry protein ration [J]. J Clin Invest, 1944, 23:816 - 823.
注 2. Prentiss PG, Wolf AV, Eddy HE. Hydropenia in cat and dog: ability of the cat to meet its water requirements solely from a diet of fish or meat [J]. Am J Physiol, 1959, 196:625 - 632.
注 3. Anderson RS. Water balance in the dog and cat [J]. J Small Anim Pract, 1982, 23:588 - 598.

**动手计算看看，我的狗每天需水量是多少？**

我的狗体重是：_____ kg

**第一步　先知道狗狗的每日需水量**

_____（体重kg）x（50~60）= 每日需水量 _____ ~ _____ml


**第二步　扣掉吃东西时摄取到的水量**

平常吃的食物水分含量约 _____%，一天食物总重量是 _____ g

（提示：干饲料含水量以8%估计，鲜食以70%估计）

估计每天由食物中获得的水量是：_____ ml


将第一步中得到的结果，扣掉第二步中得到的结果

可以知道，狗狗每天需要喝_____ ~ _____ ml 的水


#如果有另外的水分流失，例如呕吐、拉肚子约 _____ ml，就要多喝这些水量

# 蛋白质 Protein
## 氨基酸的排列组合

蛋白质是动物身上非常重要的组成元素，几乎所有的结构都含有蛋白质，如毛发、指甲、肌腱、韧带、维持皮肤弹性的胶原组织、收缩肌肉的肌动蛋白、用来消化分解营养的酶、维持生理平衡的激素，免疫系统中重要的卫兵"抗体"等，以上提到的还仅仅只是冰山一角，无法完整详列出蛋白质在体内扮演的诸多角色。

## 不断消耗又不断生成

作为身体重要结构组成的蛋白质，却并不是永久留存在体内，而是通过不断合成、被利用而消耗掉、再合成来维持着动态平衡。为了维持蛋白质稳定平衡，得不断补充合成蛋白质所需的元件——氨基酸，每日通过食物摄入充足的氨基酸，身体可以利用这些氨基酸来合成需要的蛋白质。

并非所有氨基酸都必须来自食物，事实上对狗而言，只有 10 种氨基酸是必需氨基酸，它们在体内无法自行合成，或体内合成这 10 种氨基酸的速率赶不上消耗的速度，所以额外获得这些氨基酸是饮食之必要（猫有 11 种必需氨基酸，比狗还

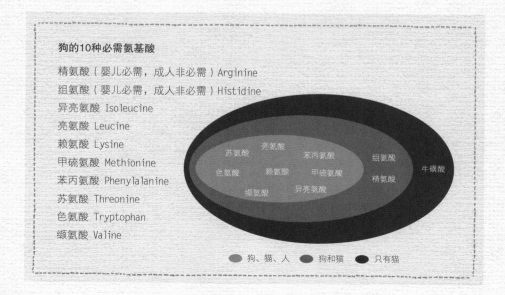

**狗的10种必需氨基酸**

精氨酸（婴儿必需，成人非必需）Arginine
组氨酸（婴儿必需，成人非必需）Histidine
异亮氨酸 Isoleucine
亮氨酸 Leucine
赖氨酸 Lysine
甲硫氨酸 Methionine
苯丙氨酸 Phenylalanine
苏氨酸 Threonine
色氨酸 Tryptophan
缬氨酸 Valine

苏氨酸　亮氨酸　苯丙氨酸　组氨酸　牛磺酸
色氨酸　赖氨酸　甲硫氨酸　精氨酸
缬氨酸　异亮氨酸

● 狗、猫、人　● 狗和猫　● 只有猫

多一种——牛磺酸 Taurine），除了这 10 种之外，其他则为非必需氨基酸，这些氨基酸只要在体内氮含量充足的状态下，身体可自行合成足够的量。

用特定氨基酸合成成特定的蛋白质，就好比盖一栋屋子，氨基酸便是一个个砖块。要建造传统三合院风格的屋子，就得具备足够的红砖。饮食中的蛋白质进入消化道后，被身体拆开来变成各种砖头（拆解成各种氨基酸），接着进入血液中，运送至各工地搭造房屋。

身体中这些大小工程对不同的氨基酸有特定需求，但饮食中的蛋白质拆开后却不见得具备所有工程所需的砖头。搭配菜单的时候必须考量不同蛋白质的限制氨基酸（即含量较少或缺乏的氨基酸），长期缺少某种氨基酸，则身体会有对应的结构因为缺少这种氨基酸，而无法维持稳定平衡状态，开始停止生长发育，甚至崩解。蛋白质越优质，表示蕴含的必需氨基酸不仅符合动物的需要，同时非常好吸收，不会因为难以消化而残留在肠子里变成废弃物，生物价值就越高。

**各类食物的蛋白质生物价值排名**

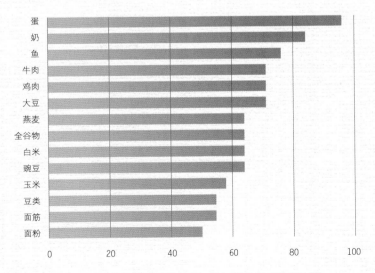

资料来源：Strombeck, Donald R. Home-prepared dog & cat diets [J]. Iowa State University Press, 1999.

# 碳水化合物 Carbohydrate
## 可消化的糖类与不可消化的纤维

　　动物主要储存能量的形式是脂肪，碳水化合物则是植物主要储存能量的方式。动物为了从外界获得能量，就需要吃下碳水化合物。

## 稳定提供热量：让蛋白质放心做它最该做的事

　　谷类食材中的多糖类———淀粉，可被消化分解成结构简单的单糖（葡萄糖），吸收后以肝糖的形式储存，需要时再释放出来；另外像是存在于香甜的蔬果、蜂蜜、蔗糖中的果糖，以及哺乳动物的乳汁中所含有的乳糖（少数动物性来源的碳水化合物），都是动物可以获得能量的碳水化合物。这些糖类转换成热量的效率比蛋白质好（CP值高），会比蛋白质优先被用来提供需要的热量。

　　当今天的糖类吃得不够多，身体可能就会利用其他营养来提供热量，如果用蛋白质来转成热量，就等于失去了更多让蛋白质去帮忙修复组织、提供细胞生长发育的机会，比较不划算。比起脂肪，碳水化合物提供的热量较低，又含有不能消化的膳食纤维可增加食物的体积却不产生热量，能让狗狗吃得有饱足感，比单单使用脂肪，加入适量碳水化合物的饮食较不易发胖。

## 膳食纤维：消化的加速器或减速器

　　不是所有碳水化合物都能被动物消化来获得能量，因为结构不同，像是另一类碳水化合物——膳食纤维，就不能被动物消化，只能靠肠内的微生物分解形成短链脂肪酸。甚至有的纤维根本不能分解，就直接排出。草食动物仗着肚子里大量的肠内菌帮忙产生充足的脂肪酸，可以满足它们每天所需的能量，但是非草食动物，就不具备这样的天赋。

　　虽然膳食纤维不能用来提供狗每日热量，不过狗的肠道上皮细胞倒是需要这些短链脂肪酸，因此纤维在狗的饮食中还是不可缺少。研究发现，狗狗吃适量的可发酵纤维对肠黏膜上皮细胞的生长有帮助[注1]，但餐点中含太多的可发酵纤维时，因可发酵纤维多数具可溶性，会让粪便吸收许多水分子，而出现软便的状况。事实上，我们必须根据狗狗的身体状况来调整各种纤维的比例，并给予适量的可发酵纤维，维持肠上皮细胞的健康，也可运用可发酵纤维帮助肠内好菌生长，增加好菌量（又称为益菌生Prebiotics，见第134页"益生菌　益菌生"），稳定肠胃功能。

✓ 可溶性纤维一旦碰到水，就会形成黏稠的溶液，这种物理性质会延长胃排空时间，让胃肠获得更多时间来消化吸收营养，好处是帮助营养吸收得更完全。多数可溶性纤维可在大肠中被肠内菌发酵。

✓ 不可溶纤维不溶于水且发酵度较低，不能被肠内菌分解，可促进肠蠕动、加速排空，改善便秘，但会让营养吸收效率降低，也会增加粪便量。

# 脂肪 Fat
## 又香又高热量，还能增加饱足感

脂肪的消化度比蛋白质和碳水化合物这两种能提供热量的营养素更好，用来获得热量的 CP 值最高。在设计菜单时，一旦调整了脂肪量，会大幅影响餐点整体的消化度与热量。油脂在胃中停留较久，会增加狗的饱足感，而油脂浓郁的质感与风味，能让狗狗深深疯狂。

## 协助运送脂溶性维生素

脂肪还能协助运送脂溶性维生素进入体内，若长期饮食中油脂不足，会连带造成脂溶性维生素缺乏。提供油脂的时候，也须注意维生素 E 是否足够，若维生素 E 与油脂的量不平衡，脂肪容易氧化。

## 提供必需脂肪酸

必需脂肪酸（Essential Fatty Acid，简称 EFA）是生理必需的营养素，指身体不能合成或不能自行合成足够的量，必须通过饮食来额外获得的脂肪酸。以结构不同区分为两大类：Omega-6 与 Omega-3。

## ● Omega-6 脂肪酸

如亚麻油酸（Iinoleic Acid，简称 LA），大部分动物只要饮食中有充足的亚麻油酸，即可自行合成足量的 γ-次亚麻油酸与花生四烯酸（Arachidonic Acid，简称 AA）。顺带一提，猫就是那少数无法自行合成足量花生四烯酸的动物，若缺乏则会影响免疫功能，且与凝血有关的激素（血栓素 Thromboxane）也不能生成，便可能导致出血不易止，身上多处淤血斑（尤其在手术前后应注意），所以在猫食中都需特别注意花生四烯酸是否充足，狗的话则不用担心。亚麻油酸的来源主要为植物油，像是橄榄油、葵花油、玉米油、大豆油、红花油、麻油，鸡油跟猪油中也有一些；花生四烯酸主要来自动物性油脂，在一些鱼油中含量丰富，猪油或禽类油脂中只有少量。

## ● Omega-3 脂肪酸

Omega-3 家族中的 α-次亚麻油酸（α-Linolenic Acid，ALA），能转换成 EPA（eicosapentaenoic acid）和 DHA（Docosahexaenoic Acid），但产量不多，发育期或繁殖期都必须补充，鱼油或鱼肝油可提供 EPA、DHA，帮助神经、视网膜的生长发育。亚麻油则提供含量相当丰富的 α-次亚麻油酸；大麻籽油与黑醋栗油同时含有 Omega-6 与 Omega-3，且比例与动物日常需求相当，牛油或奶油中就较少。

接下来，要介绍两大类食物中较少量的元素，单位是"mg"或"μg"，甚至有专属的单位"IU"（International Unit，国际单位），不像前面的水、蛋白质、碳水化合物、脂肪是以"g"来计算，也不能产生热量。

然而，这两大类元素，却是在我们衡量一份餐点的营养价值时，不可或缺的重要物质。搭配菜单时千万要留意，这些元素少一分或多一分都影响深远。这两大类元素，分别是属于有机物的维生素，和属于无机物的矿物质。

# 维生素 Vitamins
## 不提供热量的有机物质

　　大多数的维生素无法在体内合成，必须每天从食物中摄取。维生素是一群不提供热量的有机物质，调控多种生化反应。维生素又以物理特性分为两大类：水溶性维生素（维生素 B 群、维生素 C）或脂溶性维生素（维生素 A、维生素 D、维生素 E、维生素 K 等）。

　　脂溶性维生素随着食物中的油脂一起被吸收进入体内，储存于肝脏中随时可以使用。平常若摄取足够，不容易缺乏，但话又说回来，若是补充太多脂溶性维生素，日积月累囤积在肝脏中，就有可能造成中毒的状况。水溶性维生素随着水进入体内，也能轻易借由尿液排出，较不会在体内累积造成伤害，但身体若临时有额外需求，也无法即时提供，一定得依赖食物补充。

# 脂溶性维生素

## ● 维生素 A

　　与视网膜、骨骼生长、繁殖发育、维持健康的上皮细胞（如皮肤、呼吸道或消化道的黏膜）、免疫力有关。狗可吃下由植物产生的类胡萝卜素转化而得，存在于橘色、黄色的植物如胡萝卜、南瓜与一些深绿色蔬菜中。类胡萝卜素中的 $\beta$ - 胡萝卜素的生物活性最高，在食物中的含量最丰富，进入狗的肠上皮细胞会被酶转化成维生素 A。

　　猫的肠上皮细胞不具备转化类胡萝卜素的酶，故须直接摄取活化形态的维生素 A（来自动物的肝脏中，比如鱼肝油、猪肝、鸡肝或蛋黄等），动物性来源的维生素 A 就直接是活化的形态，过量会有中毒的问题。狗若摄取类胡萝卜素来转化成需要的维生素 A，就不用担心这点。

## ● 维生素 D

维生素 D 由胆固醇合成，是一种借由光照活化的维生素，植物经过阳光曝晒后活化的维生素 D 是动物补充的来源，动物的皮肤经过日光照射，能活化维生素 D。人在日照充足的地区一般不用担心缺乏维生素 D，一些高纬度国家的人因为到了冬天日照量不足，会需要口服维生素 D。

狗猫皮肤活化维生素 D 的能力，并不足以满足身体所需[注1]，也须通过饮食来补充维生素 D。无论摄取到的或自行合成的维生素 D 都储存在肝脏中，在血中钙下降时，副甲状腺素会刺激肾脏将维生素 D 转化成骨化三醇（Calcitriol），帮助吸收钙质。

活化的维生素 D 能维持骨骼生长、调控血中的钙磷平衡，当血中钙不足时，可促进肠道吸收钙质，或自骨组织中将钙质释放至血液中；也可促进肾脏将尿中的钙离子再吸收回来血中，维持钙、磷在血液中的平衡状态，骨组织可不断重建、生长，建构健康的骨骼系统。

维生素 D 在一般自然界的食材中含量不多，蛋黄、肝脏虽多但仍不及鱼肝油（尤其鳕鱼肝油）的含量，市面上的宠物食品大多直接添加纯化的维生素 $D_3$。

## ● 维生素 E

是天然的抗氧化剂，食物中的多不饱和脂肪酸与脂肪细胞都很容易受氧化性伤害，而降低营养价值或失去正常的细胞功能。维生素 E 担负的正是抗氧化，稳定细胞的责任。

植物油如小麦胚芽、玉米油、棉籽油、大豆油、葵花油等，可以补充维生素 E；动物性来源如蛋黄只能提供少量维生素 E，乳品则更少。由于这些维生素 E 很容易因为油脂保存不良，而提早被消耗殆尽，故应放置在避光、阴凉的地方，除了避免油脂腐败，更能保存维生素 E。

## ● 维生素 K

自然界的来源有植物制造的，以及细菌生产的维生素 K，狗猫肠内的细菌也是供应维生素 K 的一分子。维生素 K 与肝脏合成凝血因子有关，缺乏维生素 K 会容易瘀血、出血，甚至流血不止。其主要存在于绿色植物的叶子，如菠菜、花椰菜、甘蓝菜等中；动物性来源有蛋黄、肝脏。

由于肠内细菌也会提供一些维生素 K，长期口服抗生素治疗疾病时，会减少肠内有益菌量，必须注意额外的维生素 K 补充。临床上碰到因误食杀鼠药中毒，也会紧急补充维生素 K，不过在医院大多是直接打点滴，合成的维生素 K 活性是天然维生素 K 的 2~3 倍。

# 水溶性维生素

主要分为维生素 C 和维生素 B 群，其实 B 群是 9 种代谢功能相似、可溶于水、存在食物中，进入身体后作为辅酶帮助多种酶运作的物质总称。硫胺素、核黄素、烟碱酸、维生素 $B_6$、泛酸和生物素参与了食物的能量代谢；叶酸、钴胺素、胆碱则是重要的生长与血球制造因子。

## ● 维生素 $B_1$（Thiamin 硫胺素）

参与碳水化合物代谢产生能量或转为脂肪储存的过程，若缺乏将造成中枢神经系统异常。饮食来源有猪肉、牛肉、肝脏等。高温烹煮过程易受破坏，须注意。

## ● 维生素 $B_2$（Riboflavin 核黄素）

耐高温，但对光照敏感，过度曝晒会被破坏。协助酶释放碳水化合物、脂肪、蛋白质的热量。乳品、肉、谷类与蔬菜，以及大肠内的有益菌皆可提供维生素 $B_2$。

## ● 维生素 $B_3$（Niacin 烟碱酸）

维生素 $B_3$ 与维生素 $B_2$（烟碱酸与核黄素）一起在细胞内执行氧化还原反应，植物中含有的烟碱酸大部分不能吸收，饮食来源主要来自动物性食材。猫必须自食物中取得烟碱酸，狗则不同，狗可以由必需氨基酸中的色氨酸转化得到，因此狗狗饮食中色氨酸的多寡，影响维生素 $B_3$ 的补充量。

● 维生素 $B_6$（Pyridoxine）

与氨基酸代谢有关，所以维生素 $B_6$ 的需求量与食物中的蛋白质含量有关。

● 维生素 $B_5$（Pantothenic Acid 泛酸）

泛酸，就是广泛出现的一种维生素，几乎所有食物都含有泛酸，很少会缺乏，主要作为辅酶参与蛋白质、脂肪、碳水化合物的代谢，及产生能量的过程。

● 维生素 $B_7$（Biotin 生物素，又称维生素 H）

参与脂肪酸、非必需氨基酸（体内可自行合成的氨基酸）、嘌呤的合成，与生长发育有关，存在多种食物中，但生物活性差异很大。

蛋、肝脏、内脏、乳制品或坚果类可提供生物素，肠内细菌也会生产一部分，其中蛋可提供丰富的生物素，可是生蛋白中却含有卵白素，会抵消生物素的功能。加热可以破坏卵白素，应避免让狗吃生蛋白。治疗过程中使用的抗生素可能使肠内有益菌量下降时，也须注意额外补充生物素（维生素 $B_7$）。

● 维生素 $B_9$（Folic Acid 叶酸）

既然名为叶酸，就是一种来自绿色叶子的酸性物质，食物来源如菠菜、芦笋，动物来源较少，大概就是肝脏、肾脏，还有一部分来自狗猫的肠内菌产生。叶酸能帮助身体中蛋白质、氨基酸的利用，是合成核酸与维生素 $B_{12}$ 一同参与红细胞生成的重要维生素，若缺乏将影响 DNA、红细胞的制造。怀孕或贫血的动物应额外补充叶酸，才能维持身体正常发育。

● 维生素 $B_{12}$（Cobalamin 钴胺素）

维生素 $B_{12}$ 与叶酸一同维持正常的 DNA 合成及血球制造，另外维生素 $B_{12}$ 参与维持神经功能的稳定，同时是代谢蛋白质、脂质、碳水化合物、核酸、激素的重要元素。钴胺素是唯一含有钴元素的维生素，也是唯一一种只能由微生物合成的维生素。

动物体内的微生物制造维生素 $B_{12}$ 后，胰脏与胃黏膜分泌的一种糖蛋白，称为内在因子，与维生素 B12 结合后，经由小肠壁吸收进入全身血液循环，最后储存于肝脏内。这套独特的吸收与储存机制，使得动物性食材成为提供维生素 B12 的唯一饮食来源。但随着年纪增长，或胃、肠的病变，都可能减少维生素 B12 的吸收，导致缺乏的危险，不过若平时经常摄取充足的维生素 B12，身体用剩的会储存于肝脏中，以备不时之需，所以缺乏的状况较少见，它是少数能保存在体内的维生素 B 群。

## ● 胆碱 （Choline）

胆碱被归类为维生素 B 群，是神经传导物质的前身，维持神经细胞冲动传递，也会在细胞膜上调控脂肪酸进出细胞。身体可自行合成胆碱，饮食中不易缺乏，多种食物如蛋黄、肉、乳品、谷类胚芽、豆类均含量丰富。但由于胆碱易受高热破坏，故可能因过度加热而导致摄取不足。

## ● 维生素 C （Ascorbic acid 抗坏血酸）

大名鼎鼎的维生素 C，负责增强抵抗力、参与胶原蛋白与弹性蛋白的生成，可别以为这两种蛋白只负责让皮肤充满弹性，事实上胶原蛋白也维持着骨骼、结缔组织的生长，攸关受伤组织的修复。一些不断分解、再生的部位，例如骨骼、微血管，都可能因维生素 C 的不足而无法即时修补，导致出血或骨骼发育异常。

食物中的维生素 C 虽然来源众多，但却非常脆弱，不论强光、高温、碱性环境，还是铜或铁质的存在，都可能使维生素 C 受破坏而失去活性，低温与酸性环境较能保存维生素 C。不过，除了人类与其他少数生物（例如天竺鼠）以外，大多数动物可自行由葡萄糖或乳糖合成维生素 C，研究指出，狗一天约可制造 40mg/kg（1kg 体重可产生 40mg 的维生素 C）。

虽然这样的量不多，但却足以维持一般日常状态生长所需，正常状态下不必额外补充[注2、注3]。近年来，常有人额外补充维生素 C，以诉求抗肿瘤、抗氧化或维持骨骼生长发育等，但仍未有明确研究显示有效。

注 1: How KL, Hazewinkel AW, Mol JA. Dietary vitamin D dependence of cat and dog due to inadequate cutaneous synthesis of vitamin D [J]. Gen Comp Endocrinol, 1994, 96:12 - 18.
注 2: Innes JRM. Vitamin C requirements in the dog: attempts to produce experimental scurvy. In Innes JRM, editor: Report of the Cambridge Institute of Animal Pathology [J]. Cambridge, England, 1931.
注 3: Naismith DH. Ascorbic acid requirements of the dog [J]. Proc Nutr Soc, 1958, 17:21.

# 矿物质 Mineral
## 进入身体内的无机物质

前面谈的碳水化合物、脂肪、蛋白质以及维生素，基本上都是有机物质，最后我们要来讨论在营养学中非常特别的一群无机物营养素——矿物质。矿物质又依照需求量，分为常量矿物质与微量矿物质，大约占体重4％的矿物质，不直接参与代谢，却被动地被拉进身体里，成为重要的一份子。

### ● 钙与磷

我们把钙与磷放在一起讨论，原因是身体里的钙和磷必须维持稳定的平衡，为了维持这微妙的平衡，降钙素（Calcitonin，由甲状腺C细胞分泌）、副甲状腺素（PTH）、维生素$D_3$经肾脏活化后形成的骨化三醇（Calcitriol）、骨骼、牙齿都牵涉其中。体内99％的钙质存在于骨质中，体内85％的磷与钙质一块存在于骨头里。

前面提过，体内的骨质并不是永久存在，事实上骨质是不断生成、分解，再生成的，它是钙磷的贮藏池，根据血中对钙磷的需求而被提出来利用，用剩了再贮存进来，如此维持着动态平衡，因此骨质的密度就与血中钙磷的比例有着密不可分的关联。循环的血液中必须稳定提供一定的钙，因为除了维持骨质外，肌肉收缩（包含心肌细胞收缩）、神经冲动的传递、特定酶系统的活化，都需要这些钙的协助。

为了维持血中的钙磷平衡，身体以副甲状腺素、降钙素与骨化三醇，来帮助稳定钙磷的平衡：从骨质释放或回收钙磷，增加或减少自肾脏或肠道的吸收。

食物中的钙磷比也影响着彼此的吸收度，若食物中的磷含量过高，则会大大抑制消化道吸收钙的效率。同样的，若钙含量过高，或食物的酸碱度不对，则钙会与磷结合成不可吸收的形式，一样无法获得需要的磷。

制作狗狗餐点时，必须对钙磷比特别小心控制，建议维持在钙比磷为（1：1）~（2：1）之间，也就是钙须高于磷，以不超过两倍为限，我通常会调控在1~1.8倍之间。

一般制作鲜食的材料，大都是磷高于钙，尤其是肉品、谷类、蔬菜，少有钙质高于磷的食材，以致一份餐点中的磷远远多于钙，即使给狗吃骨粉、乳品、海鲜、藻类等钙含量较高的食物，都难以平衡钙磷的跷跷板，因为这些食材虽然钙含量比一般食物来得高，却也并非单单只提供钙质，还是会顺道吃进许多磷，调整平衡的幅度不大（意思是说虽然吃到钙，但同时也获得了更多的磷）。

维持摄入钙是磷的1~1.8倍，势必得额外添加一些"钙含量远高于磷"的补充品，而且还要是特别容易吸收的钙质形式（请参考第128页克服鲜食的营养限制：自制或准备营养补充品）。

## ● 镁

存在于多种食物中，尤以谷类、乳品为丰。虽然是常量矿物质，而且也是组成骨质的元素之一，但身体里的存量却远少于前述的钙和磷。镁参与了能量的代谢，并作为细胞内液的阳离子，平衡着细胞内外的电位差；镁的存在也微妙稳定着神经冲动，调控肌肉的收缩。正常饮食不至于缺乏镁，但若摄取过多，则小心形成泌尿系统磷酸铵镁结石的风险，这是最常见的结石种类。

## ● 硫

建构体内有机物的元素之一，饮食中只要含有充足的氨基酸，例如胱氨酸和甲硫氨酸就不易缺乏硫。

## ● 铁

身体里的铁最主要的用途为运送氧气，例如红细胞中的血红素是用来携带氧气，送到全身细胞使用；或肌红素，负责把血中的氧气从血红素手中抢下来供肌肉运动时使用。所以，若身体缺铁，产生的最大影响就是可能导致血红素、肌红素的不足，使细胞面临缺氧危机。

由于铁可储存于肝、脾、骨髓中，老废的红细胞又可经脾及肝代谢，释出血红素中的铁，回收再利用，因此很少有缺铁的情形，倒是有可能因为摄取过量铁而对肝脏造成负担。除非有失血的状况，像是手术、长期寄生虫感染、慢性肠胃道出血等，临床诊断可以从显微镜下观察到红细胞变小、红细胞染色为正染或淡染的情况。饮食来源不论是肉、蛋黄、豆类或谷类都可提供铁质，但吸收度以动物性来源为佳。

### ● 铜

与铁的代谢有关，其他功能有帮助黑色素、结缔组织（如胶原蛋白）的形成。虽然少见，但若缺乏，与缺铁一样会发生贫血，或产生其他如色素流失、骨骼生长等问题。吃了肝脏、谷类胚芽等食物后，铜在小肠中被吸收进血液里，与白蛋白结合送至肝脏中储存，需要时释出，若过多则由胆汁排出。因为会储存在肝脏，吃过量的铜或患有代谢疾病（如铜贮积病），都会对肝脏造成伤害，而导致中毒反应。

### ● 锌

听到锌，很多主人会直觉反应跟皮肤有关。但事实上，锌影响了 DNA、RNA 的合成，简直与所有细胞发育都有密切关系，这里指的细胞，当然包含免疫细胞，因此也影响了免疫力。年轻动物缺锌可能导致生长变迟缓、繁殖障碍等，不过通常最先被主人注意到的，就是皮肤毛发的发育异常，会感觉动物毛发变得粗硬，生长缓慢、皮肤过度角化、反反复复的皮肤炎。身体对锌的需求度，会反应在吸收效率上（这点跟铁一样），大致上，动物性食材提供的锌吸收率较植物性食材来得好，例如蛋、肉都含有好吸收的锌。

### ● 锰

锰在细胞线粒体里勤奋工作着，督促着营养素代谢。植物性食材如谷类、豆类都可提供锰，动物性来源较少，不过自然状态下尚未有狗或猫缺锰的报告。

### ● 碘

缺碘会产生甲状腺肿大的情形，因为碘是合成甲状腺素的材料，而甲状腺素控制着身体细胞生长、代谢的速度。虽然狗狗甲状腺机能低下的原因较不常是因为缺碘（常见是自体免疫性问题），自制鲜食但仍要注意碘的摄取。为防止此类缺碘的情形发生，市面上贩卖的食盐很多都会添加碘，此外海带、海藻也有非常丰富的碘含量，由于藻类的碘含量非常高，给予时需斟酌用量。

### ● 硒

硒与维生素 E 并肩作战，抵抗细胞受到氧化性伤害。主要来自谷类、肉和鱼，自然食材中就可提供充足的硒，因此很少有缺乏的情形，额外补充应小心过量。

## ● 铬

近年有研究指出，铬可提升胰岛素的活性，人类的研究报告中，甚至提到缺少铬可能与糖尿病的形成有关[注1、注2]。

# 电解质 Electrolyte
## 溶解状态的微量无机物，多一点或少一点都不行

## ● 钠

钠是细胞外液中最多的阳离子，维系着身体的水平衡（渗透压），钠多的地方，水就多。摄取钠离子的管道主要来自食盐（氯化钠），但事实上几乎所有食材都会提供钠。钠多会使身体的水变多，血管内的水变多就造成血压升高，在高血压动物中或在应避免高血压的状态下，控制钠的摄取量就相当重要。

## ● 钾

钾是细胞内最主要的阳离子，钾的存在守护着细胞内外的正常电位差、正常渗透压，心肌细胞与神经细胞的功能都需钾离子来维持。正常生理状态下，正常吃喝的动物几乎不会缺乏钾离子，食物中绝对有充足的钾。用药、肾脏疾病、呕吐或腹泻等，可能造成钾及其他电解质的失衡，此为非常严重的紧急状态，若未快速就医控制，心肌与神经受影响，很快就会有生命危险。

## ● 氯

三分之二细胞外液中的阴离子是氯，氯也是胃酸的主要成分（盐酸），剧烈呕吐时可能造成胃酸流失，此时验血电解质可能会出现低氯的状态，不过这倒不是太令人担心的问题，通常很快能补充回来。食盐与大多数食物、饮水中都含有氯。

---

注1. Anderson RA. Chromium, glucose tolerance and diabetes [J]. Biol Trace Element Res, 1992, 32:19 - 24.

注2. Spears J, Brown T, Sunvold G, Hayek M. Influence of chromium on glucose metabolism and insulin sensitivity. In Reinhart GA, Carey DP, editors: Recent advances in canine and feline nutrition: Iams nutrition symposium proceedings, vol 2, Wilmington, Ohio, 1998, Orange Frazer Press, 103 - 112.

# 1-3 要贴在冰箱上的 10 种禁忌食材

　　我对于以下这些食材，不论是已有明确研究证实对狗有毒性的，或是尚存在争议的、需要控制用量的，都不建议照护人自行尝试喂食。我的立场一向是有疑虑就不要吃，并非一定要通过这些食物才能获得想要的营养或效果，宁可谨慎一点，绝不让狗狗有任何机会陷入危险情况中。

　　以下有些食材在少量摄取时不会有中毒反应，有些甚至被一些特殊食疗观念认为适度喂食是有益的，如果主人对这部分有兴趣，在尝试前请先与兽医讨论。

*Sterculia*

## 苹婆（凤眼果）

　　在中国台湾有 3 个品种的苹婆树，中南部较多，在夏天会结果实，外表长得像栗子一般，吃起来也松松软软的，有种特殊香气。狗吃苹婆中毒的事件在台湾已有发生，狗在误食苹婆后会剧烈呕吐，瘫软无力，死亡率不容小看。

　　通过血液检查会发现其体内的血氨浓度极高、电解质严重失衡、肝肾指数急速上升。人可以一颗接着一颗吃，但对狗却是极度危险，切记购买这种食材千万不能放在狗狗能靠近的地方，外出游玩也要注意狗狗不能因好奇而去吃这种果实。

## 洋葱、葱、韭菜、蒜

这些植物主要是含有二硫化物的成分，会导致狗的红细胞破裂，当误食到中毒剂量，会引起狗狗严重的贫血、呼吸急促、黏膜苍白、血尿等状况，在显微镜下可看到红细胞受到这类伤害。

大蒜近年来被广泛讨论，因大蒜含的二硫化物浓度较低，有些自然疗法派认为少量食用有益处，扑鼻的香味也能增进狗的食欲。不过一些小型品种狗对此较敏感，还是应该先请兽医评估后再考虑尝试。

中国人的饮食中也很喜欢使用这些食材来爆香料理，我常碰到的状况是，主人平时都非常小心避免，但有时买菜回来正准备要整理菜篮的时候，狗狗一如往常在一旁好奇地检查主人的包包，等到主人注意到的时候，狗早已抢先一步把葱蒜吃下肚了！所以千万要小心不能对这些好奇宝宝大意。

## 葡萄与葡萄干

目前研究报告认为，葡萄会引发狗的急性肾损伤，在病例解剖时会发现它们肾脏细胞受损，造成不可逆转的伤害。关于这份研究仍存在争议，但目前美国兽医学会与美国爱护动物协会（ASPCA）公布的毒性报告名单上仍有葡萄，谨慎起见，仍不建议喂食，毕竟我们还有其他许多水果可选择，不是吗？

Grape & Raisin
Onion & Garlic

*Chocolate*

*Tea & Coffee*

## 巧克力

由于狗狗是喜欢甜食的动物，巧克力的味道往往让狗深深着迷。但巧克力中含有可可碱，对狗狗的神经有刺激性，越高浓度的巧克力就越容易让狗中毒，一般牛奶巧克力每克约含 2.3mg 可可碱，每千克体重的狗吃到 20mg 的可可碱，就可能出现呕吐、拉肚子的症状，吃到 40~50mg 后，会导致狗出现抽搐、心跳过快、呼吸急促等危险的症状。请务必将家中的巧克力确实收好，也要告诉所有家人、朋友，再爱狗狗都不能跟它分享巧克力的甜蜜。

## 茶、咖啡

别以为你的狗对茶和咖啡一定不感兴趣，在医院我们常会碰到狗狗在好奇心驱使下（也许看着主人一口接一口喝，让它也很想品尝看看），或是在垃圾桶里寻宝时就吃下了整个茶包、咖啡包，结果出现如同吃了巧克力一般心跳过快、喘不过气，甚至颤抖抽搐的状况。因为人类用来提神的咖啡因、茶碱这些中枢神经兴奋剂，对狗来说就实在太过提神了！如果你发现你的狗误食这类东西，请尽快带到医院请兽医协助处理，以免吸收后产生这些痛苦的症状。

Xylitol

## 木糖醇

　　常见存在于口香糖、人用牙膏里面，狗对这种甜味剂的反应非常强烈，吃了木糖醇之后狗的身体会分泌非常高量的胰岛素，胰岛素是一种降血糖的激素，因此短时间内狗的血糖就会快速下降，出现低血糖的严重后果，可能会四肢无力、瘫软、抽搐而死亡。现代人因为怕胖，在很多食物、甜点中可能使用这种代糖来降低热量，除了常被提到的口香糖，一些餐桌上的甜食如饼干、蛋糕，也可能使用了木糖醇。若碰到狗吃了甜食后出现类似症状，在它还有意识时可先尝试喂一点糖水，然后无论如何请尽快送医救治。

Raw Egg White

## 生蛋白

　　我在日本的时候，发现日本的蛋几乎都是生吃，但到欧洲旅游，就很少看见生吃的蛋，主要是欧美国家担心有细菌过多的风险。其实若能除去过多细菌的疑虑，蛋黄可以让狗生吃，而生蛋白因为含有卵白素会阻碍维生素 B7 的吸收，吃太多生蛋白，将会影响狗的生长发育。

*Macadamia & Walnut*

## 特定坚果类：夏威夷豆、核桃

狗若吃下过量的纯夏威夷豆（每千克体重吃超过 2.4g），12 小时内就会变得精神差、拉肚子、呕吐，严重的话会产生抽搐、癫痫、心跳异常等症状。吃核桃也一样会出现神经症状，请务必避免。排除这两种坚果，其他坚果因为富含油脂、质地坚硬而且容易受潮，喂食前都要先做功课，把坚果磨粉或打碎才能吃，喂食的量也不应过多，否则容易腹泻。

*Firm Things*

## 硬物、果核、易啃断的骨头、鱼刺

这些坚硬的东西很常被狗吞下去，有的塞住胃、肠，而尖锐的骨头可能刺伤或刺穿食道、肠胃，非常严重。别再以为狗就是喜欢啃这些东西，或是得帮忙主人吃这些东西，不加以注意往往就是导致狗狗被送进手术室抢救。

*Cured, Flavored Food & Alcohol*

## 加工品、调味料、腌制品、酒精

存在过多盐分、硝酸盐、防腐剂、色素的风险，不应该也不要给狗吃这些东西，狗也没有办法好好代谢含酒精的饮料，往往会呕吐、中毒、肝脏受损，也有潜藏的致癌性。

# 1-4 转换食物养成好习惯

对于长期单一化饮食的狗猫而言，忽然间变动食物内容是一件难以适应的事情，就好像出国时水土不服会上吐下泻。平常适应的食物形态，其实也影响着肠道内的环境，一时之间，剧烈的改变会让消化系统中不论是酶，还是肠内菌群都无法应付，在措手不及的情况下，就会消化不良，产生软便、拉肚子或呕吐的肠胃道症状。所以，换食的时候一定要培养好习惯……

## 十分之一渐进换食

为了避免突袭式地更换饮食内容，导致消化不良、产生不适的反应，我建议单一化饮食的狗猫在换食的时候，务必得循序渐进，给消化道时间以渐渐适应新的食物。

有的狗消化功能较好，或是曾经接触过这些食物，所以换食期不必拉太长，但若是一直以来都吃同一种食物的狗，通常会建议花1~2周，甚至1个月来转换食物，换食期的长短，需看是否有不适应的症状而定，慢慢将新食物加入旧食物中，没有问题才能增加新食物的比例。

刚开始自制鲜食的主人，必须时刻观察狗狗尝试每道新菜色的反应（不是只有观察它们喜不喜欢吃，更重要的是观察它们吃完之后便便的形态，或是有没有不舒服的症状出现，请详细阅读我在"3-1 一切都要从观察开始"中希望告诉大家的事）。

只要是新的食材，就不要一次加入太多，一样是慢慢让肠胃适应。有些不同形态的食物，例如生食，与熟食、干粮是否能混在一起吃，也要看狗的反应。一般而言会建议分开，比如间隔数小时，甚至隔餐食用。

### 十分之一渐进换食

不论尝试新食材，或是整套新菜色，都应该有一个少量、循序渐进的过程

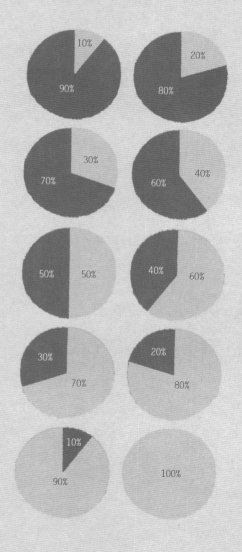

# 第二章

## 来回于市场和厨房之间

Between Market and Kitchen

不必在厨房里卖弄花哨的烹饪技巧，
只需把逛市场当成与狗狗一起抵达的探险秘境。

和它共同寻找四季更迭的痕迹，
将这份新鲜的心意带到狗狗的餐桌，
掌握这一点，
你做的菜就是狗狗心中的最佳美味。

# 2-1 跟着食材上山下海

## 动物性蛋白质的呼唤

蛋白质的来源，分成动物性蛋白质（肉、蛋、乳制品）与植物性蛋白质（豆类、谷类、坚果类）。动物必须摄取足够的蛋白质，获得蛋白质中的重要氨基酸来建构身体的所有细胞组织。氨基酸是非常重要的身体运转元件，为了应付大大小小的生理反应，必须耗费许多氨基酸，这时就要通过吃东西将这些必需氨基酸补充回来，才能维持体内的氨基酸平衡，这是日常饮食中非常重要的一项任务。

整体而言，狗对动物性蛋白质的消化吸收能力佳，而且动物性蛋白质所蕴含的氨基酸种类也较符合狗的需要，不像植物性蛋白质会有特定氨基酸受到限制，必须多方摄取才能补足。因此，我认为狗还是要以动物性蛋白质为主要氨基酸来源。

### 肉类

✓制定每星期变化 2~3 种肉类为主餐的菜单，维持氨基酸供应充足无虞。每餐中尽量使用单一肉类，较不会造成消化负担，也能观察消化状况。除非是要做过敏的饮食测试，需要挑选营养均衡的食谱并长时间使用同一种肉，才可以观察狗狗对这种肉的反应，否则平常还是尽量多变化。

✓肉是常见的过敏原，若要让狗狗尝试新的肉品，记得先给少少的量就好，小心观察几天至几周，如果都没有过敏反应或其他不舒服的状况，才可以慢慢增加到正常量。

✓一般来说，狗对于动物性蛋白质的消化力很好，准备时可以豪迈的切大块一点，肉块大小视狗的吃饭习惯、体型与口腔状态而调整，如果是狼吞虎咽的狗，为了避免害它噎到，安全起见还是绞碎给它吃吧！大一点的肉块能让狗狗享受嚼食筋肉的快感，锻炼咬合肌。有时候不妨和狗狗玩撕咬肉块的游戏，手握着较大块的肉跟狗狗互相拉扯，是很好的口腔运动。

✓天然的动物性脂肪含有优质的 Omega-6 脂肪酸，像是鸡皮、牛脂中

的脂肪，狗的身体也需要这些脂肪酸来增强免疫力。除非真的太油腻，让狗狗肠胃负担太大，否则不必刻意餐餐使用过瘦的肉，要视整份餐点的比例而调整。

✓肉中含有较高的磷，一定要记得按照食谱建议的钙质补充量来平衡钙磷比，不然长期下来对于副甲状腺、骨骼的影响很大。（请翻阅第 129 页钙质的介绍）

**牛肉 Beef**

牛肉含丰富的铁、锌，以及均衡的维生素，也能提供完整的必需氨基酸组成，充分满足狗狗身体需要。对于生长发育、组织修复、增强免疫力、手术后补血很有帮助。搭配维生素 C 丰富的食材（如花椰菜），能促进铁质吸收，大幅提升造血功能。

**猪肉 Pork**

属于完全蛋白质，蛋白质含量约 20%，为高蛋白食物。猪肉含丰富维生素 B 群，其中的维生素 $B_1$ 是所有肉类中最丰富的，其他像是维生素 A、维生素 E、泛酸、生物素等也不容小觑，摄取猪肉有助于维持神经稳定、提振精神与增强抵抗力。猪肉不同部位的营养成分略有不同，另外也须留意猪肉的胆固醇含量较高，选择猪肉时分量跟部位都要特别注意。

**羊肉 Lamb**

性质温和的羊肉钙含量丰富，胆固醇较猪肉低，此外羊肉亦可提供维生素 $B_1$、维生素 $B_2$、维生素 E 与铁质，对担心胆固醇吃太多的狗狗来说，是另一种好选择。

**鸡肉 Chicken**

提供优质、好消化吸收的蛋白质，瘦肉部位蛋白质含量高而脂肪量少，且大多是不饱和脂肪酸，适合各个成长阶段的狗狗。挑选时建议选购 CAS 认证、肉质结实、富有弹性、带有粉嫩光泽的鸡肉。主要营养成分有优质蛋白质、脂肪、维生素 A、维生素 B 群、钙、磷、铁、铜。要注意的是，鸡肉的磷含量较高，可通过用热水汆烫去磷，并另外添加钙质补充品。

鹅肉
Goose

鹅肉的组氨酸含量高，脂肪虽不低，但大多为单元不饱和脂肪酸，可提供矿物质、钙、磷、铁、锰与维生素 A、维生素 B$_1$、维生素 B$_2$、维生素 C 等。

鸭肉
Duck

鸭肉的铁、锌含量较鸡肉多，脂肪量低，亚麻油酸与次亚麻油酸含量较其他肉多，而且蕴含维生素 B 群与天然的抗氧化物维生素 E，对过敏体质的狗狗来说，可以降低过敏的发生率。

**常见肉品的营养含量比较（营养标示为每 100g 食材中的蕴含量）**

| 种类 | 蛋白质 (g) | 脂肪 (g) | 热量 (kcal) | 胆固醇 (mg) |
|------|-----------|---------|------------|------------|
| 牛肉条 | 17.3 | 19.5 | 250 | 64 |
| 猪小排 | 18.1 | 19 | 249 | 73 |
| 羊肉 | 18.8 | 13 | 198 | 24 |
| 全鸡 | 16.1 | 19.9 | 248 | 74 |
| 鹅肉 | 15.6 | 13.4 | 187 | 71 |

## 蛋

在众多的动物性蛋白质来源中，蛋是我心目中第一名的选择。对狗狗来说很好消化吸收，而且蛋蕴藏着均衡、丰富的必需氨基酸、DHA、卵磷脂，此外维生素 A、维生素 B 群、维生素 E 与矿物质（如铁质）的含量也十分丰富。小小一颗鸡蛋从里到外，连同蛋壳、蛋壳膜都是藏宝库，几乎能满足身体所有需要的营养物质。唯一可惜的是，蛋不具备维生素 C 与纤维素，因此以鸡蛋为一餐的主要蛋白质来源时，可以搭配蔬果类（如番茄、花椰菜）以补充维生素 C，同时促进鸡蛋的铁质吸收。

✓由于顾虑到细菌量的问题，抵抗力较差的狗尽量少喂食生鸡蛋。蛋白也不建议经常生食，因为生蛋白中含有卵白素会阻碍生物素（Biotin，又称维生素 H）的吸收，若经常食用生蛋白，会因为缺乏生物素而有生长发育异常、皮肤毛发生长障碍的问题发生。

---

**鸡蛋**
**Egg**

小小一颗蛋几乎含有所有需要的营养（除了纤维素、维生素 C 以外），而且是最容易被消化吸收、生物价值最高的蛋白质来源。提供完整的必需氨基酸，含有丰富的 DHA、卵磷脂、多种维生素及铁质，蛋壳亦可作为钙质营养补充品。在有信誉的市场挑选健康鸡蛋时，尽量选择外壳完整，带有粗糙颗粒、形状漂亮的鸡蛋，带粗糙颗粒表示鸡蛋未久放，所以颗粒尚未被磨平。平常准备料理时，不妨将水煮蛋的蛋壳洗净，烘干后搜集起来，等囤积一定数量后再一起制作成蛋壳钙粉。

---

## 内脏

在狗的原始生活中，对于自己捕捉到的猎物，几乎会全部吃掉（连同内脏、肠胃中消化到一半的内容物），所以为了让狗吃到它天生该补充的营养，内脏也是准备狗狗鲜食料理时可加入的食材之一。内脏像是地球送给狗狗的营养点心盒，能适度帮狗狗补补肌肉组织中缺乏的元素，如肝脏内储存有天然的活性脂溶性维生素、叶酸、维生素 $B_2$ 与维生素 $B_{12}$，也含有矿物质（如铁、硒、铜）；而心脏则是可以贡献牛磺酸。

✓请注意肉品市场上的内脏来源，因为肝脏、肾脏是动物身体的解毒、排泄器官，若买到养殖状况不好的动物内脏，可能会连同累积的毒素一起吃下去。

✓不能过分纵容狗狗把内脏当点心吃，因为这些储藏在内脏中的营养，例如脂溶性维生素中的维生素 A，是以活化态的方式保存在肝脏内，其具有累积性，过量摄取活化态的维生素 A、维生素 D 反而会对狗狗身体造成伤害。

✓将新鲜肝脏当作点心，由于过量会导致中毒，所以建议小型犬 1 周摄入不超过 30g，中型犬 1 周摄入不超过 60g，大型犬 1 周不超过 120g。若是烘干的肝脏制品，小型犬 1 周摄入不超过 6g，中型犬 1 周不超过 12g，大型犬 1 周不超过 24g。

## 乳制品

大多数哺乳动物在长大后，都会渐渐戒掉喝奶的习惯，而哺乳动物成年后，身体内消化乳糖的乳糖酶的制造量，也会自然而然地慢慢下降。如果是离乳期后较少接触乳品的哺乳动物，事实上对于乳糖的耐受性会比较低，一喝多了鲜奶，乳糖摄取超过乳糖酶能消化的量，很快就会出现胀气、腹泻的症状。

**牛奶与奶酪 Dairy**

哺乳类中最奇怪的例外就是人类，不但持续喝，还挑别的动物的奶喝，而且还要推荐给狗狗喝。虽然给狗喝牛奶，能补充诸多营养，但一定要记得稍微注意给予的量，如果超过狗狗身体能承受的限度（乳糖酶能消化的乳糖量），那狗狗就会拉软便或拉肚子。牛奶或奶酪等乳制品，能同时提供蛋白质与脂肪、钙质，有益骨骼与牙齿发育，也能帮助铁质吸收。让狗狗食用乳品时，记得避免同时给予高草酸食物（深绿色蔬菜），若在肠道中结合则不利于钙质吸收，也容易形成草酸钙结石。

奶酪应选择含盐分较低的种类，但就算是自家制作的低钠茅屋奶酪，钠含量还是很容易就超过狗狗的每日摄取量，可不能让狗狗放肆大吃。

**酸奶 Yogurt**

酸奶中含活性乳酸菌，可以帮助消化、促进肠蠕动，同时稳定消化道的环境、增强消化道功能。但这类食品要注意是否有过多添加物，以及盐分与糖分是否太高。

## 海鲜类

　　海鲜也是非常优质的蛋白质来源，能提供 EPA、DHA、维生素 D、牛磺酸等其他食材较少见的营养，且维生素 A、维生素 B 群、维生素 E、锌的含量也很高，对于上皮细胞、眼睛、心血管系统都非常重要，其抗氧化跟抗发炎的功效更是令其成为高龄期狗狗保养、控制皮肤炎的帮手。建议狗狗每周可以食用 1~2 次鱼贝类，补足一般家畜肉中较不能满足的营养。准备鱼肉时要特别小心剔除暗刺，以免狗狗大口享受美食的时候却被刺伤。

　　✓煮熟的鱼较易剔除鱼刺，且清蒸或煎煮都比油炸适合狗狗，因为油炸的高温会破坏鱼中的 Omega-3 脂肪酸。此外，不建议经常生吃鱼肉，除了担心寄生虫、细菌问题以外，生鱼肉含有会干扰维生素 $B_1$ 的酶，会让狗无法吸收维生素 $B_1$。

　　✓喂食鱼肉要特别注意餐点中的维生素 E 含量是否足够稳定鱼的脂肪，如果不够，菜单中必须特别标示维生素 E 的补充量。维生素 E 不足的情况下，给狗吃太多鱼的油脂可能会导致"黄脂病"的问题发生。

　　✓贝类或软体动物的钙质、牛磺酸含量相当优异，每周 1 次是不错的选择。但是，如果观察到狗狗对这类平常少吃的食材有过敏反应，或是狗本身容易结石，食用这类矿物质丰富的海鲜类前，必须先与专业兽医讨论。

---

**鲑鱼
Salmon**

　　肥美的鲑鱼肉富含的鲑鱼脂肪，以单元不饱和脂肪酸为主，还能提供容易被狗狗吸收利用的 EPA 与 DHA，对于神经、视网膜发育都有帮助。鲑鱼肉含优质的蛋白质、维生素 C、维生素 B 群、维生素 D 等，营养价值高，但鱼刺既粗硬又多，务必先煮熟再慢慢剥碎鱼肉，将鱼刺慢慢挑除干净。挑选鲑鱼时，应选择鱼肉结实而有弹性，颜色橘红，鱼皮平滑有光泽且呈现银白色者为佳。

---

**鲔鱼**
Tuna

首选部位是鲔鱼肚肉，这里的脂肪所含的 EPA 与 DHA 最丰富，另外维生素 A、维生素 $B_6$、维生素 E、锌、钙的含量也比其他部位高，而磷含量较低，不过鲔鱼肚的脂肪含量是瘦肉部位的 6 倍，胆固醇也较高。瘦肉部位的油脂较少，能提供较多的蛋白质，若考虑到狗狗的体型或整体营养搭配状况，也可以选择脂肪量较少的部位使用，同样能提供优质蛋白质。选购时，请检查鱼肉表面，新鲜鲔鱼肉的色泽均匀红润，筋络少更佳。

**鳕鱼**
Cod

鳕鱼含牛磺酸、EPA、DHA，除了能活化脑细胞，也护心，亦含有维生素 D，以鳕鱼作为餐点中主要的蛋白质来源，可以说是好处多多。其肉质松软，容易剔除鱼刺，也很好消化，如果狗狗处于发育期，正要尝试新鲜食物的时候，就可以用鳕鱼设计菜单。

**沙丁鱼**
Sardine

除了有丰富的 DHA，沙丁鱼也能作为补充硒元素很好的来源，可减少对维生素 E 的需求，同时帮助稳定细胞膜，减少细胞受到氧化伤害。沙丁鱼还是鱼类中铁含量相当高的鱼种，也具备丰富的维生素 B 群、钙，因此沙丁鱼很常出现在欧美国家的宠物鲜食食谱中。沙丁鱼很容易购买，一般生鲜超市多半能找到。

**蛤蜊**
Clam

其钙跟磷的含量几乎为 1：1，不会加重钙磷比的失衡。维生素 B 群、维生素 C 和铁、锌也很丰富，还有一般食材中少见的牛磺酸。到市场购买活的新鲜蛤蜊，回家后盛一锅盐水让蛤蜊在里面吐完沙后再烹调，让狗狗享用来自海洋的鲜味。

**牡蛎**
Oyster

　　有时为了追求天然的锌摄取，我会使用牡蛎。不论锌、钙、镁、铁等重要矿物质都能补足，维生素 A 和维生素 $B_2$、维生素 $B_{12}$ 含量在各食材中表现非常突出。但牡蛎属于高嘌呤食物，1~2 周给予一次就好。也因考虑到细菌问题，不建议给狗吃生牡蛎。

**章鱼**
Octopus

　　章鱼是很受欢迎的海鲜，有别于一般的鱼肉，其带有嚼劲的特殊口感，对狗或对人来说，嚼食章鱼都会有种满足的感觉，也同时能摄取到其中的胶原蛋白。章鱼和乌贼一样含有牛磺酸，而章鱼的含量更胜之，内含的营养素还有铁、锌、铜与维生素 A，以及多元不饱和脂肪酸。选购时要注意肉质弹性，表皮要完整而不能斑驳脱落，不新鲜的章鱼会造成狗狗食物中毒。回家后用一锅沸水烫过，再切碎给狗吃，或是烫完放入烤箱烤。初次尝试章鱼务必少量给予，观察有没有消化不良或过敏状况，才能放心。

# 把四季带回家

## Vegetables
### 小狗四季蔬菜历

跟着季节吃，狗狗能经常变化餐点食材，选择当季蔬菜，可以减少接触为了长期保鲜而添加的药剂，或是运送过程中不必要的营养流失。

### 胡萝卜

春天采收，冷藏后可全年供应，应挑选色红者、连菜柄者更好。油炒或煮汤可帮助狗吸收营养，含类胡萝卜素、铁质。

### 青椒

秋、冬、春为产季，但注意常有农药残留问题，应挑选表皮完整，果肉丰厚者，报纸包裹后冷藏。含维生素 B 群、维生素 C。

**春**

春季蔬菜

### 四季豆

秋冬春为产季，应挑选豆荚嫩脆者，冷藏可保存 2~3 天。先撕除豆筋，氽烫后热油炒，富含铁、类胡萝卜素。

### 香菇

春、秋两季为产季，经阳光照射后会产生维生素 D，可帮助钙质吸收。应挑选菇伞肥，伞内皱折明显、菇肉结实的新鲜香菇，买回家后放进保鲜袋中冷藏，可存放 1 周。干香菇可放进密封罐，料理前先以冷水浸泡半小时再去蒂头使用。

**龙须菜**

易老，应当日食用，选带微黄
绿叶者口感更嫩，含锌。

**生菜**

应挑选叶片鲜嫩者，逐叶清洗去除淤沙
后使用。属叶用莴苣，含丰富维生素 A、
维生素 B 群、维生素 C，不能久煮。

**小黄瓜**

夏秋盛产，但注意常有农药残留问题，清洗后擦
干再冷藏，入菜前先氽烫稀释药性。含丰富维生
素 C，小黄瓜籽含维生素 E。

**冬瓜**

可少量切片购买，放入保鲜袋中冷
藏，冬瓜施药量少，水分多又低热量，
可帮助体重控制，维生素 C 含量高。

**夏**

**夏季蔬菜**

**苦瓜**

颜色越白越不苦，狗也较能接受，应挑选
表皮具光泽、瓜连蒂头者为佳，冷藏可保
存 1~2 天。准备时先氽烫去除草酸，避免
草酸钙结石，含维生素 C 与叶酸。

**茄子**

紫色品种者，颜色越深越鲜嫩，应挑选果实尾端收尖
者为佳。连皮切碎给狗吃才有营养价值，含叶酸、维
生素 E、锌。

**绿芦笋**

产季跨春至秋，重药重肥，务必注意清洗，应挑选茎干笔直且穗
花紧密者，芦笋放久易老。含丰富铁、叶酸、维生素 A。

### 金针菇

购买鲜货后冲水清洗，切碎后入菜。含类胡萝卜素、维生素 E。

### 皇帝豆

口感松软，冷藏可存 2~3 天。高蛋白质、高铁，但其外皮纤维对狗来说不好消化。

### 地瓜叶

产季在 4~11 月，少农药，不能生吃（会抑制动物体内消化酶），草酸多应氽烫去除。钙、铁、锌含量丰富。

**秋**

**秋季蔬菜**

### 牛蒡、莲藕

保存容易，但削皮后请立即泡水避免氧化，纤维粗硬，狗不能多食。

### 南瓜

秋冬为产季，应挑选粉质明显、坚实完整者。油炒后更能释出类胡萝卜素。另含叶酸、钙、磷、铬、可发酵纤维。

## 玉米

冰冻后活性差，蛋白质、糖类含量高，农药用量重，
应先剥掉叶子后再反复清洗数次。玉米皮对狗而言
不易消化，需打碎磨制。含类胡萝卜素、叶黄素、
维生素C，易发霉。

## 甘蓝

由外而内剥下叶片，逐叶搓洗后入
菜。含维生素B群、维生素C。

## 芥蓝菜

盛产于2~3月，菜茎粗硬，狗不易消化，
需碎制。提供的钙含量远高于磷，维生素
B群、维生素C、维生素A、维生素E含量皆
丰富。

**冬**

**冬季蔬菜**

## 小白菜

需逐叶清洗，也要先汆烫。属
钙含量高的蔬菜。

## 彩椒、青椒

于幼时采收的甜椒颜色青绿，称为青椒。去蒂、去籽后
浸水清洗，以去除农药。成熟后变多彩，营养价值上
升，糖类含量变多，$\beta$-胡萝卜素、维生素B群、维生素
C、维生素K、铁、钾等亦丰富。热油炒比水煮更利于营
养吸收。

## 萝卜

购买尾圆钝、轻弹表面声音清脆者。代谢
后产生硫精酸会抑制甲状腺功能，不能多
吃。含钾、镁、铁、磷、维生素C。

**大白菜**

叶片无黑斑、无破损佳，可清炒或慢炖。外叶维生素 C 含量较高。

**花椰菜**

产期为深秋至初春，全年冷藏供应。农药用量重，必须逐蕊拨开清洗多次。含丰富维生素 C、维生素 B 群、类胡萝卜素、维生素 K、硒。钾含量高，有相关疾病需注意。

**芹菜**

易枯烂，应尽早食用。叶片中含丰富维生素 B 群、维生素 C、钠、钾、钙、磷、碘。

**番茄**

选择全红完熟者。油炒更佳，有助溶出维生素 A、茄红素、柠檬酸。含苹果酸可稳定其内的维生素 C，优点是即使加热，营养也不易流失。

**豌豆**

挑选有蒂头、豆荚饱满者。记得撕除豆筋，为了能给狗提供更多水溶性维生素 B、维生素 C，千万不要烹调过久。

**地瓜**

不可生吃，因为会抑制动物体内消化酶。含丰富膳食纤维、类胡萝卜素。

**菠菜**

购买叶片翠绿、叶茎直挺株。切除根部后逐叶清洗，当天入菜。草酸高，应氽烫沥除。含铁、镁、碘、类胡萝卜素、维生素K、维生素B、维生素C。

**马铃薯**

冬春收成，买回家后摊放阴凉处。发芽转绿马铃薯含高量龙葵素，易致中毒。含丰富维生素C、维生素B1、锌。

**冬**

冬季蔬菜

**四**

四季皆有蔬菜

**山药**

选择端正挺直身形者，摆放干燥通风处，于干老前磨成泥吃，含淀粉酶、维生素B群、维生素C、维生素K与钾。

**上海青**

喷湿叶片以报纸包起冷藏，逐叶清洗泥沙后入菜。含类胡萝卜素、维生素A、维生素B群、维生素C与铁，钙含量比磷高。

**豆芽菜**

买回后冷水浸泡以释出残留漂白药剂，氽烫后酌量使用。含维生素C与类胡萝卜素、钙质。

# Fruits

## 小狗四季水果历

　　市面上的水果品质优良、口感好，它们丰富多变的香气、高甜度，让很多狗狗一试就上瘾。请记得，狗狗并不需要吃这么多糖分，当点心或随手喂食都要记得帮狗狗控制食量，糖尿病犬更是完全不能妥协喔！

### 西瓜

水分多、糖分高，狗可酌量品尝，有些狗狗多吃会拉肚子。避开雨季购买，挑选时轻拍声音清脆透亮者为佳。高钾，水溶性维生素 B 群、维生素 C 丰富，具利尿效果。

### 芭乐

去籽、切丁后给狗食用，可摄取芭乐所含的丰富维生素 C、柠檬酸、苹果酸和钾等。纤维较粗，注意狗狗食后的消化状况。

## 夏

### 夏季水果

### 菠萝

含蛋白酶，在夏天狗狗食欲不好时可帮助消化，也有丰富的维生素 B1、维生素 C、钾。纤维较粗，很甜，不要多吃。

### 甜瓜

药重，留意清洁。削皮、去籽后少量喂食。糖分高、含维生素 A、维生素 C、维生素 B 群。

### 荔枝、龙眼

不能给狗整颗吞食，去籽后切碎给予。糖分高，狗不能多食，含叶酸、柠檬酸、磷、钾、镁。

### 芒果

纤维高，切丁切碎才能给狗吃。挑选无瘀伤、色泽鲜艳饱满的果实为佳，全熟后不要冷藏。糖分高，含丰富的类胡萝卜素、维生素 C、叶酸、铁、钾、镁等。

## 桑椹

清明节前后盛产，含丰富的苹果酸，以及维生素A、维生素D、维生素B1、维生素C。产季短，所以能在市场果摊遇见桑椹，就提回家吧！

## 柚子

9月起至冬为产期，闻柚香持久者佳。维生素C极丰富。

## 火龙果

农药用量重，宜少吃。含花青素能抗氧化。

## 梨

含水溶性纤维（果胶），肠道修复期可少量喂食。

## 秋

秋季水果

## 哈密瓜

宜购买色皮鲜艳、网纹细密者，最多冷藏2天。高钾，类胡萝卜素丰富。

## 柿子

甜度高，去皮后给予果肉丁。可用柿子帮狗狗补充碘，含水溶性纤维、维生素A、维生素C、泛酸、单宁酸。

## 木瓜

挑选无瘀斑、色泽饱满鲜艳者。木瓜酶能帮助消化吸收蛋白质，类胡萝卜素丰富。糖分高，不要多喂。

## 橘子

我很喜欢用橘子帮狗温和补充水分。含丰富的维生素C、叶酸、类胡萝卜素、镁、钙，狗狗大多能充分消化。

## 橙

橙的果胶、柠檬酸、苹果酸与维生素C、类胡萝卜素、生物素含量丰富。

## 香蕉

冬春最好吃，因淀粉高应酌量给予。含镁、烟碱酸，高钾、高磷。

## 猕猴桃

富含维生素C、水溶性纤维、钾、钙。狗狗大多会喜欢其酸甜的口感。

## 冬

### 冬季水果

## 四

### 四季皆有水果

## 蔓越莓、蓝莓、覆盆莓

注意农药问题，必须反复清洗。含天然抗生素、维生素C、花青素，目前有研究指出，可预防泌尿道细菌感染问题。

## 草莓

农药用量重，不建议给予。

## 苹果

挑选有黏手感的无果蜡苹果，手持感觉沉甸甸，可闻幽微香气者为佳。苹果的非水溶性纤维、柠檬酸、苹果酸、硒、钾、镁，与水溶性维生素B群、维生素C含量丰富。

# 一点点甜在心头

狗跟人一样，可以感受甜味，也渴望甜味，它们的生活比猫咪多了些享受淀粉、甜食的乐趣。不过，跟人还是有那么一点不同的是，狗无法消化太多的糖类，一时间获得过多糖类，又或者糖类的结构不好消化，就会发生腹胀、软便、腹泻等消化不良的症状。所以，对它们来说，只要一点点甜，就足以快乐度日了。

## 淀粉类介绍

**白米**
**Rice**

不论哪里产的品种，只要是精制过的白米，都是最好消化的淀粉。对狗狗而言是淀粉类食物的优先选择，当然若有其他考量，如担心会让血糖剧烈上升，则另当别论。碾去米糠、胚芽后，白米的纤维量大幅下降，一些存在外皮的维生素会减少，因此在清洗白米时要避免过度搓洗，只要轻轻拨淘、除去杂质即可，以避免营养流失。除了淀粉外，白米另含有植物性蛋白质、维生素 E、维生素 B 群与多种矿物质，提供热量的效率也很好。

**糙米**
**胚芽米**
**Brown Rice**

虽然对人而言，精制度低的米营养价值较好，但我认为对狗而言则不一定。举例来说，糙米的确比白米含较多的维生素 B 群、维生素 E、维生素 K，钙、铁和镁的表现也较亮眼，但因纤维量丰富，狗狗也没有像人细嚼慢咽的习惯，糙米饭被狗狗吃下，大多无法妥善消化，所以帮狗狗准备糙米饭，反而容易造成消化不良，营养不能被准确吸收，效果大打折扣。因为特殊考量而选择使用这些种类的米饭，必须谨慎评估，并控制用量，给狗吃之前，最好要打碎或蒸煮更久。

**小米**
Millet

不含麸质的小米，比白米含更多的维生素 B、维生素 E、钙、铁等营养，也不像糙米、胚芽米的纤维含量那么高，容易被消化吸收。

**糯米**
Glutinous
Rice

糯米由于实在太难消化了，请直接从清单内划掉，一点也不建议使用，很容易就让狗狗肚子痛。

**燕麦**
Oats

燕麦含丰富维生素 B 群、维生素 E、钙、铁、不饱和脂肪酸和膳食纤维。可是，狗并不能多吃燕麦，因为它们的肠胃无法消化大量的纤维，但给狗吃燕麦还是有好处，例如可摄取燕麦的水溶性膳食纤维，狗狗的肠内细菌消化这些纤维后，能产生短链脂肪酸，滋养消化道上皮细胞，又能提升饱足感，吃完后血糖也比较不会剧烈上升。

## 豆类介绍

**薏仁**
Pearl
Barley

可以取少量煮给狗吃，里头含有维生素 B 群、钙和镁等营养，有利尿效果，可帮助狗狗多排尿。

豆类外皮的纤维量高，有时候对狗狗来说不是那么好消化，要想煮碗红豆汤或绿豆汤给狗喝，得煮得松软一点，若还是难以消化就必须打碎。同时，也得控制用量，不能给太多，要是会造成胃肠道负担，干脆不要给狗吃。如果顺利消化，狗狗将能获得红豆、绿豆内含的蛋白质、维生素和钙、铁、锌等营养。

含有丰富的蛋白质、大豆卵磷脂、维生素 E、钙质，且胆固醇含量低。考量到属于加工制品，尽量选择有信誉的商家，或用自家制造的豆腐。

大豆异黄酮、铁、钙、铜和维生素 $B_1$、维生素 $B_2$ 的含量丰富。有别于牛奶，豆浆提供另一种浓郁的豆香风味。建议选择无糖豆浆，避免摄取太多糖类。

## 坚果类

有的坚果对狗狗来说具有毒性，例如夏威夷豆、核桃，这两种坚果千万不要让狗狗吃到，误食会出现拉肚子、呕吐、颤抖、抽搐等症状。其他坚果虽然目前没有中毒案例通报，但坚果很硬，多数富含油脂，吃太多还是难以消化。

至于杏仁、松子、腰果、胡桃、芝麻与花生，如果不会过敏的话，偶尔可在餐点中加入一点点保存良好的坚果粉。注意，一定要事先经过磨制，不要让坚果有机会塞住狗狗的肠道，或是让肠道被碾碎的锐角割伤。

# 今天要用什么油

我曾碰过以为狗狗要吃得比人类清淡的主人，把无油又无盐的清蒸或水煮料理定义为健康鲜食，结果慢慢地，狗狗的皮肤、毛发变得没有光泽，皮屑变多，开始常跑医院看皮肤病。其实狗狗应该吃油，而且健康狗狗能消化的油脂量比人类来得多。不同的油脂能提供不同程度的营养，也能让食物在胃停留久一点，增加饱足感。了解油脂的稳定度，知道每种油的优点，适当帮狗狗加一点油，可以多一点能量，运用得好也能更健康。

## 植物油

油脂的色泽要是淡黄的、透亮的，闻起来不能有腐败的臭油味。好的植物油静置一天也不会混浊，不会产生沉淀或悬浮物。

**橄榄油**
**Olive Oil**

初榨橄榄油会是很好的选择。含橄榄多酚、维生素 A、维生素 D、维生素 E、维生素 K 与单不饱和脂肪酸。Omega-6 含量高于 Omega-3，并不能平衡餐点中的脂肪酸比例。

橄榄油特别的地方，主要是橄榄多酚的抗氧化性质，在精炼程度越低的橄榄油中含量较高。初榨油只可用作中低温的烹调，若是要煎炒或爆香，精制过的橄榄油会比较合适，但多酚化物就会被牺牲掉了。

**亚麻仁油**
**Flaxseed Oil**

近年来这款油在养狗家庭中很红，应该是其中的 Omega-3 脂肪酸与抗氧化物维生素 E 含量高的关系，被认为可以压制过度发炎的症状，例如过敏、皮肤发痒。Omega-6 与 Omega-3 的含量比约为 5：1，可以大幅平衡餐点中这两种脂肪酸的比例。

不过，亚麻仁油很容易受热或受光照而被破坏，记得找个家中阴凉的位置存放，要给狗狗吃的时候，等餐点冷却后再加入。如果购买新鲜亚麻仁籽，要添加前再碾碎，不要买磨好的亚麻仁籽粉，因为很快就会让营养流失。虽然亚麻仁籽能降血压、抗发炎，但同时也会抗凝血，手术前或有相关疾病不能使用亚麻仁油。

**大豆油**
Soy Bean
Oil

应该是大多数东方人家中常见的油品，含有丰富的维生素D、维生素E、多不饱和脂肪酸及大豆卵磷脂，Omega-3含量比橄榄油多。大豆油不像花生油，可能因制造过程的保存问题而有黄曲霉素产生，大豆油的大豆卵磷脂还能在动物身体内转化为EPA、DHA，另外因为发烟点较高，要煎炒菜的话，可以选择使用大豆油。

**葵花油**
Sunflower
Oil

金黄、透亮的葵花油富含亚油酸、维生素A、维生素D、维生素E、维生素B群和多不饱和脂肪酸，发烟点较高，煎炒炸皆适宜。

**芝麻油**
Sesame
Oil

芝麻油的芝麻酸是天然的抗氧化剂，让芝麻油比其他油更稳定，不容易氧化。以不饱和脂肪酸为主，具备麻油的特殊香气，发烟点低，建议使用低温、小火烹调，更能保存营养。

**红花籽油**
Safflower Seed
Oil

含大量亚麻油酸（Omega-6）、油酸（Omega-9）与棕榈酸，抗氧化物质含量低，很容易酸败。

**葡萄籽油**
Grapes Seed
Oil

**椰子油**
Coconut
Oil

这两款油的发烟点较高，可以进行油炸之类的高温烹调。葡萄籽具备抗氧化物质，椰子油含月桂酸，能增加抵抗力，对抗病原菌。

其中，椰子油的饱和脂肪酸较高，含量甚至超过猪油，几乎是所有食用油中饱和脂肪酸含量的冠军，所以一般室内温度下会呈现固体状态。椰子油亦不含Omega-3，只提供Omega-6，所以与其拿椰子油给狗吃，倒不如选择其他油脂。

## 动物油

一般而言，动物性油脂较植物油结构稳定，饱和脂肪酸含量较高，室温下呈现固体状态，也比较能承受高温。

**鱼油**
Fish Oil

深海鱼的油脂是少数动物油中 Omega-3 较 Omega-6 丰富的种类，以鲑鱼油为例，Omega-3 含量是 Omega-6 的 5 倍，同时又能提供铁、钙质。

鱼油的 Omega-3 容易被动物转换成 EPA 和 DHA，相较之下，亚麻籽油的 Omega-3 转换率就不是那么高。这些高量 Omega-3 可抑制发炎症状，但同时也会抑制凝血，因此如果有相关疾病或准备要手术，就不建议使用鱼油。近年来，常被发现含汞量超标，尽量少买食物链顶端的鱼类油脂。

**鱼肝油**
Cod-liver Oil

跟鱼油不同，主要提炼自鱼的肝脏，市面上的鱼肝油大多来自鳕鱼肝。鱼肝油含有非常高剂量的维生素 A 与维生素 D，而且都是活化形态的，补充时要非常注意，因为这两种维生素有累积性，会被储存在身体中，也因为剂量高的关系，很容易造成身体累积太多的维生素 A、维生素 D，而产生中毒反应。

因为狗的身体能转化植物中的类胡萝卜素而获得维生素 A，所以并不需要经常以鱼肝油或肝脏帮狗狗补充这些营养素。

**奶油**
Butter

从牛奶中提取出来的油，因为是动物性油，所以胆固醇、饱和脂肪酸含量较高。具有令狗狗印象深刻的奶香味，涂抹一点点在肉排或面包上，就能提升餐点的诱惑力。

**猪油**
Pork Fat

**鸡油**
Chichen Fat

动物油的饱和脂肪酸高，大多呈现白色固体的油膏状，Omega-6 含量远高于 Omega-3。其中比较特别的是，猪油的维生素 A 含量比橄榄油还高，若要炒炸，动物性油脂会比植物油稳定，而且运用这些动物油做料理，散发的香气会让狗狗非常疯狂，若要诱惑它们，可以选择使用这类油脂。

**磷虾油**
Krill Oil

富含 Omega-3、EPA、DHA 及抗氧化物质虾青素。生长在寒冷无污染的海域，属于食物链底层的小虾，应先尽量使用其他油品为主，别让海洋生态环境遭遇滥采的浩劫。

# 2-2　舒适的烹调步调

　　每日进厨房准备菜肴，是忙碌生活中能拥有的片刻宁静。事先做些功课，整理好心中纷杂的思绪，专注在料理台上的方寸之间，建立按部就班的习惯，每日的做菜时间会更加充足舒适。

## 有准备的烹调计划

　　若要做到餐餐现煮给狗吃，那一定要有周详的准备计划，才能在短时间内做好菜，又不影响生活节奏，也才不会遇到简单问题就想放弃。

### 出门采购前

　　我的习惯是每周上市场1~2次，出门前花些时间，回想前一周狗狗吃过的食材，开好接下来这一周的菜单后，再从容出门。如果可以，准备一本小笔记本，记录下狗狗的饮食周记，这么一来，只要稍微浏览一遍，就大概知道下一次可以挑选哪些菜单来运用。

### 前往市场路上

　　有些人觉得上市场像作战，东奔西跑的却不一定买得到想要的食材，其实这必须靠平日里的经验累积。住家附近的市场或生鲜卖场，会有一定的供货规律，有时跟小摊子的老板闲聊，也能获得一些采购资讯。我曾为了寻找紫苏而在市场绕了一个多小时，最后在平时习惯购买甜椒的摊子老板口中得知附近一位阿婆家有种，而她会在固定的日子到市场摆摊。逛市场就是这么有趣，像在开启一张寻宝地图，一旦地图展开得差不多，未来就能快速觅得需要的材料。

### 回家后要分类收藏

买完菜后可不是放进冰箱就这么结束了，不同食材的存放有不同的学问。像是甘蓝可以除掉菜心，塞一块蘸水的纸巾之后，放进保鲜袋中保存（我时常在网络上更新保鲜的知识）；容易凋萎的豆芽菜可插在水瓶内，像是插花般悉心呵护数天；容易干老的蔬菜可喷一点水后用报纸包裹再冷藏；有些水果（如番茄）放在室温下会比放在低温环境中更能保鲜；大分量的肉品可以用保鲜袋分量包装后，或冷冻或冷藏存放，等到要料理时再拿出定量使用，冷冻的肉保鲜期也会长一些。如果想要让狗狗吃得新鲜，这些功课都要事先学习、做好准备。

## 烹调过程与营养流失

**请记得这个步骤：先洗再切，不过度烹调，要吃之前再碎制，放凉才加营养品。**

其实从食材离开原本生长的地方（如土壤或海洋）开始，营养素的流失就开始倒数计时了，仿佛被沙漏催促着，直到被送进狗狗胃里的那一刻。我常觉得，在厨房里不比在手术室里轻松，一边想着要如何尽可能保全营养素，一边又要做到卫生安全无虞，不会让狗吃到拉肚子。但不管如何，在对狗狗身体不会造成危害的大前提之下，也就是以尽量除菌、除去残留药剂、毒物等各种不良元素为首要目标，先求不伤身，再讲究营养流失最小化。

### 清洗

在以安全不伤身为前提之下，清洗步骤绝对不能省。为了避免残留农药、肥料的问题，还有污染毒素的侵袭，所有食材绝对要经过适当清洗。担心有农药残留问题的食材（如花椰菜、甘蓝），请务必一叶一叶、一蕊一蕊放在流水中，多次反复清洗，还是担心的话可以准备一锅沸水氽烫，让农药溶解出来；但如果是精制过的白米，就不必过度清洗，稍微掏洗即可，免得营养流失殆尽。视不同食材，调整清洗强度。

### 称重后裁切成适当大小

我们都知道狗不能吃太粗硬、太大块的纤维，所以切碎的步骤很重要，但是切碎处理绝不能放在烹煮之前，因为这样一来营养流失的情况只会更严重。煮熟前只需依照食谱建议，取需要的食材分量，调整成适当大小，例如根茎类蔬菜稍微切大块、菜茎切段，让加热可以更均匀，也不会占锅子太大空间，此时的裁切大小主要是为了烹调方便。但切得越细，增加了食材切口的面积，随着准备时间延长，营养就会越快流失殆尽。

## 加热：以安全卫生不伤身为主

加热势必会导致营养素流失，或是结构改变。但经过权衡，加热可杀菌或加热可使淀粉结构改变得好消化、使粗硬的纤维不那么刺激狗的肠胃，我认为是种必要的妥协。

毕竟，在人类进化到会运用火来烹调食物以后，生活品质确实变好了，一些细菌、寄生虫的危害也得到有效控制。面对不同食材，就该有不同的加热准则，例如面对难以消化的高纤、高淀粉食材，若观察到狗狗有难以消化的问题，就要延长加热时间；又如面对可能隐藏寄生虫、细菌的肉或蛋，也应该加热至全熟；而那些容易消化的鲜嫩菜叶、蔬果，几乎只要浅浅温热即止，好消化的水果类也可以不加热就喂食。最主要考量的两大重点，就是卫生安全和消化度，在这两大考量重点之下，去调整加热时间，加热时间越短，越能保存营养。

此外，加热方式也是考量重点，当一份蔬菜着重于提供狗狗水溶性维生素，那么就应该减少与水接触的时间，或是想办法不让水分带走水溶性的营养（例如将水煮改为蒸煮或微波加热）。如果想让狗狗吸收到脂溶性营养（如维生素A、维生素D、维生素E、维生素K等脂溶性维生素），就用小火油煎一下，帮助脂溶性营养溶解出来。

## 大快朵颐前两步骤：调整大小，放凉才加入营养补充品

经常准备食物给狗吃，会大概知道自己的狗对哪些食材消化力较差（可能会是玉米皮、糙米等纤维粗硬的食材），一般而言，狗对动物性食材的消化力不错，所以像肉就可以不必过分碎制，切成块状就好，也让它们享受几秒钟咀嚼肉块的乐趣。

食材的大小，要依照每只狗对每种食材不同的接受度来调整，要考虑到狗狗的口腔大小、口腔健康等状况，以及它的饮食习惯，如会不会因为狼吞虎咽的关系而噎到，这都需要主人评估。由于太早将食物弄碎，在准备或保存的期间，会让营养快速流失，所以一直到整份餐点都准备好了，再调整食物大小比较好。当一切准备妥当，而餐点的温度也适合入口，不会烫到狗狗，此时再加入营养补充品，较不会破坏补充品中的营养素。

## 分量保存

如果一次准备的分量比较多，那么就得多一道功夫将餐点保存下来，请务必记得：冷冻较冷藏佳，分量保存，分量解冻。

冷冻比冷藏更能将营养锁住，急速冷冻处理的食物，营养会很接近新鲜状态的含量，只会少量流失。以冷冻方式保存食物，并非把细菌杀死，而是让细菌不容易生长，煮熟的饭菜如果以冷冻保存，维持在 −18℃ 的状态可保存 1 个月，但只要经过解冻回温，细菌就会开始繁殖，因此建议分量保存最完美。

多利用小保鲜盒、小保鲜袋分装，一次退冰一餐或一天分量。虽然回温后再次加热，又会再一次造成营养流失，但在安全至上不伤身的前提下，我还是建议在食用前再一次加热，因为我们不能保证在解冻期间，食物究竟受到多少细菌的污染；因此，分量保存的餐点，建议还是以大块为主，这样经过解冻、再加热，流失的营养也会少一些，也一样是要吃前再碎制。

不过，煮好后保存、再加热实在太容易让营养流失，也太不值得，我在这边还是要强调，餐餐新鲜现做，才能确保精心算计过的营养能确实送进狗狗身体内。

## 找一些好帮手

适当准备一些厨房器具，可以缩短
料理准备期，也能更加精准掌控时
间，避免我们最在意的营养素流失。
不论是测量工具或是裁切、保存用
具，都应该审慎思考制作需要再去
添购，让为狗狗准备鲜食的幸福时
光加倍顺手。

# 2-3 无可挑剔好味道！食欲不振的对策

当狗狗生病时，或对饮食特别讲究者，可能会对主人精心准备的料理有些挑剔。倔强一点的狗宁可饿到吐、饿到生病，也不愿意吃。这边提供一些小秘诀，可以先试着照以下的方法引起狗狗的兴趣，试着增加餐点的吸引力。但如果狗狗还是胃口不好，或有其他症状出现，即使只是精神变得差一点，也要赶紧带它们去见家庭医生。

## 对策 1 选择它爱吃的东西

平时多观察狗狗特别爱吃哪些食材，碰到食欲不振的时候就能派上用场。有时候我们就像是位小媳妇，苦心猜测狗狗到底想吃些什么。费心增加一些它们喜爱的元素在料理中，或是选用含有它喜欢的食材的食谱，巧妙利用每只狗不同的喜好，多半可以成功让它们放弃抵抗，开心接受这份招待。

---

**狗狗钟爱的人气食材**

- 鲔鱼、鲑鱼
- 带油脂的鸡、猪、牛、羊肉
- 炒蛋
- 奶酪
- 香甜的蔬菜，如地瓜、胡萝卜、苹果、南瓜

---

## 对策 2　在口感上下功夫

　　大部分的狗狗不喜欢过度烹煮、过于软烂的食物，相反的，它们喜欢稍微有点硬度、脆的或是可以稍微咀嚼的食物，所以适当大小的肉块会比肉泥更受狗狗欢迎。除非观察到狗狗对某些食材特别难消化，或是肠胃道功能减退、正处于生病状态时，需要加工成泥，否则不要把食物熬成烂泥状，因为这可能会是让它们倒退三步的原因。

> **调整口感的方向**
>
> - 软硬度
> - 黏着度
> - 凝集性
> - 离水性
> - 调整食材大小：切丁、切块

## 对策 3　变换烹调方式

　　长期吃水煮肉的狗，突然吃到小火慢煎的肉排会觉得非常新奇、惊艳。经常用电锅蒸饭，偶尔改成炒饭也可以提高狗狗的兴趣。善用不同的烹调方式，就能带给狗狗不同的美食飨宴，主人也可以在挑战厨艺的过程中获得成就感。

> **可变换的烹调方式**
>
> - 蒸煮
> - 水煮
> - 煎炒
> - 烤
> - 微波加热
> - 冷盘

# 对策 4  加入天然的调味料

　　人吃饭时少了调味料，似乎就少了一味，这些对饮食特别讲究的狗也一样。调味料可以为每天一成不变的餐点增色，不管是香喷喷的鸡油、自制丁香鱼肉松、柴鱼粉、高汤、排骨汤或浓郁的奶酪粉，这些天然食物独特的风味，都是能加以运用的大自然调味料，在食欲不好的时候，就是很棒的秘密武器，但这些佐料不能放肆地加入太多，否则会影响整份菜单的营养组成。

---

**一般狗狗的口感喜好**

- 高蛋白质
- 香香甜甜的食物
- 动物性脂肪
- 稍微有脆度或筋肉
- 不喜欢酸味、苦味或太过软烂的口感

---

第三章

# 狗的进阶营养概念

Advanced Nutrition Concept

因为爱你，所以学着了解你。


长久以来人类习惯调整自己的饮食，
这是因为我们很清楚自己的身体变化，
感觉得到自己也许这几天胖了，
知道吃某些食物会消化不良，特别容易胃胀气……
于是懂得调整下一餐。


想开始替狗狗准备食物，也必须具备这样的敏锐度。
没有人会比你更了解自己的狗，
就像没有人比你更了解自己。

# 3-1　一切都要从观察开始

美国国家研究院（NRC，National Research Council）根据科学研究在1985年发表了犬猫的营养需求指南；美国饲料管理协会（AAFCO）采取的衡量标准则是通过化学分析，将商品化的宠物食物彻底分析，检视营养含量；并建立一套喂食试验法，在衡量食物究竟可不可以供给犬猫适当营养时，能通过一段时间严格地喂食同一种研究中的食物，观察这个试验样本中的狗或猫，是否能维持健康而不产生相关营养性疾病，最终判定这些食物是否适合作为狗猫的日常营养来源，力求每种营养素充足无虞。

遗憾的是，热爱鲜食的我们必须承认：自制鲜食无法做到这些精密而繁复的检验。即使每份食谱都有做好计算分析，也很少鲜食能实现送到实验室量化营养素，或是组成一支试吃军团来进行为期半年的喂食试验。所以或多或少，我们对于自制鲜食的营养是否恰好如我们所估算的那样可以被狗狗消化吸收，一直有一份担忧。

这个严肃的问题曾经困扰我很久，幸好人类的饮食方式一直是家犬家猫很好的借鉴。我常在想，人类吃东西也没有在管什么饮食试验或化学分析，而且大概很少有人知道自己今天晚上到底吃了多少氨基酸、多少必需脂肪酸、多少矿物质和维生素。可是我们还是活得好好的，也还是可以活到八九十岁，为什么？有一天在我跟同事去吃完烤肉，塞了满肚肥肉的夜晚，我想通了以下的道理。

因为，我们清楚自己的身体需要什么！举例来说，一个热爱大鱼大肉的人，在吃太多肉而排便不顺之后，会自动开始多吃蔬果，补充一些纤维含量高的食物，帮助排便；一个吃海鲜就会全身过敏、起疹子、到处发痒的人，下次再面对满桌的虾蟹，就会敬而远之；或者，一个肠胃碰上糯米等难消化的食物会胀气、肚子痛的人，端午节家家户户包粽子的时候，自己会懂得要斟酌，不能跟着大家吃太多。

因为了解自己的身体状态，所以人类懂得自己的饮食要怎么调整，长期下来，不至于吃出大问题，除非真的太过放肆乱吃。

如果把人类的饮食模式，套在自制犬猫鲜食看，似乎就不必太过纠结了。人类对于自己身体的自我了解，就像一辈子都在进行的饮食试验。同样的，想要尝试自制鲜食的主人，也必须经常检视自己狗猫的身体状态。每隔一段时间，一次又一次地观察，当开始尝试新食谱或不熟悉的菜单时，更要加倍认真评估它们对这道菜的反应。

事实上，我认为不只是正准备要加入自制鲜食阵营的主人，每一位主人都要养成定期帮这些无法说出身体哪里不舒服的宝贝们身体检查的好习惯，而且这个习惯是一辈子都要做，没有一天能偷懒。

因为狗不会说话，除非是擅长跟宠物沟通的人，否则一般主人若要弄清楚狗的身体状态，第一步就要学会在家帮狗狗随时小检查，这项可由以下几个方向着手。

# 评估狗狗的整体状态

### 精神

动物不会说话，不会主动跟医生说它们哪里不对劲，不过可喜可贺的是，单纯的它们会毫不掩饰地把心情写在脸上！如果今天哪里不舒服，或生病了，狗狗的精神会明显比平常差，会比较想睡觉，变得无精打采，对主人爱理不理，平常喜爱的玩具也没有兴趣玩，或是主人回家的时候没有到门边迎接，这些都是狗狗可能有哪里不舒服的征兆。

### 食欲

生病的人食欲会变差，生病的狗也一样。从前可以吃完的一份餐点，这几天却难以下咽。此时，主人可以尽量变化食材，用各种香气四溢的新鲜食物来试试（请翻阅第 92 页无可挑剔的好味道！食欲不振的对策），当排除挑食的可能后，狗狗还是不太想吃东西，违背汪星人对美食热情如火的原则，这时候主人就要注意了！食欲不振往往是很容易被忽略的生病征兆，经常要等到狗狗呕吐或病情更严重才发觉不对劲。如果不是挑食，或是准备的食材不香、不新鲜（狗狗的嗅觉很灵敏，食物一点点酸败都能轻易察觉），狗会食欲不振通常都是身体出问题了，要尽快带到医院检查。

### 活动力

跟平常比较起来，今天有没有比较不活泼一点？有时候些许改变也能告诉我们狗狗的身体状况。其次，活动力的变化也影响到每日热量供应的多寡，很多狗上了年纪后体力不像年轻时候那么好，变得比较文静，不像从前一样屋里屋外蹦蹦跳跳，而喜欢在室内沙发上窝着，这时候如果还是给予如同年轻时候的高热量餐点，那么这只老狗很快就会发胖的。

# 是虚胖还是结实

### 狗的身体体态指数

狗是体型变化幅度最大的一种动物，虽然都是狗，但有体型很小的吉娃娃，也有跟一匹小马一样高大的大丹犬，所以不能光用体重衡量狗的胖瘦。假如一只黄金猎犬跟一只长毛腊肠都是 20kg 的话，那黄金猎犬就太瘦，而腊肠就太胖了。

兽医要评估狗狗的胖瘦，有一套简单的标准，我们会评估狗的体态指数（Body Condition Score, BCS 指数）。乍听之下有点像人的身体质量指数 BMI，但评估起来简单许多，不需要数学计算，而是直观地看跟摸狗狗几个身体部位：肋骨、腰身、小腹、脊椎跟坐骨即可。由狗的正上方、侧面看肋骨是不是能轻易看到、有没有腰身，小腹是平坦有斜度还是凸出，然后动手摸摸看骨头是否明显，脂肪是薄是厚。

BCS 指数有九级跟五级两种，其实九级只是把五级区分得更细一点而已，九级跟五级的 BCS 指数同样都把中间的那一级（也就是 5 / 9、3 / 5）当作最标准体态，级数越大，表示狗越胖；级数越小，表示狗越瘦。医院较常使用九级量表，通过这样的模式，虽然狗的体重不同，但是胖瘦也能被定义和记录。

由于 BCS 指数是一种直观的度量，在家里评估的时候建议每次都由同一位主人来执行，才能在同样标准下比较出每一次 BCS 指数的变化，也可以带到医院请熟悉的兽医帮忙评分。经过数周到数个月的评分，可以得知狗体态的变化趋势，如果发现狗正在逐渐发胖，那么饮食中热量就要再降低；如果体态维持在同一级数，但是这个级数却是落在 BCS（4~5）/ 5 这种肥胖指数中，表示目前供应的热量虽然可以维持稳定的体态，但这样的体态还不是最完美的 BCS 3 / 5，应该着手帮狗调控饮食热量，直到体态可以维持在 BCS 3 / 5 为止，才是最佳状态。

## 肌肉变化

　　好莱坞一位以健美身形著称的男明星，为了拍戏而减肥，暴瘦 20kg 之后，想不到连肌肉都失去原本的光彩，变得松垮无力，这就是肌肉流失。当饮食中各项营养充足的时候，身体有取之不尽的外来材料可以运用，这时的肌肉就像一座饱满的水库，只会增加，不会被提取；但在营养失衡，而身体却又必须继续维持运转，各项生理功能还是得使用氨基酸来进行生化代谢反应的情况下，于是只好从肌肉中索取所需的氨基酸来替补饮食中的不足，就像把紧急应变金拿出来使用一样，国库就空了。当肌肉变得瘦削薄弱，是营养不良的一大特征。要随时检视狗的肌肉状态，小心维持营养的正平衡，务必确保它们的肌肉永远结实漂亮。

**BCS 身体体态指数**

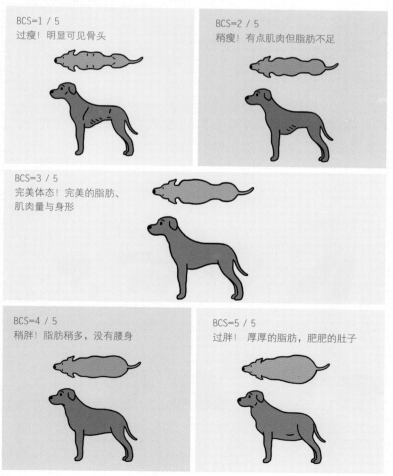

BCS=1／5
过瘦！明显可见骨头

BCS=2／5
稍瘦！有点肌肉但脂肪不足

BCS=3／5
完美体态！完美的脂肪、
肌肉量与身形

BCS=4／5
稍胖！脂肪稍多，没有腰身

BCS=5／5
过胖！厚厚的脂肪，肥肥的肚子

# 今天做的菜得几分

## 粪便形态

粪便形态就像狗狗在对你煮的菜的反馈，所以面对便便一定要像听评审说话一样认真。怎样的便便是最健康的？答案是软硬适中、色泽温润深棕、成形条状，饱满中带有一些凹纹、微微透着湿气，也许轻微黏地，但仍可轻易拾起。

以威豪粪便评定系统来说是2~2.5级最标准，级数往上跳，则表示粪便越软、越不成形，像是拉肚子甚至水便，该粪便含水量越来越多，粪便结构不扎实，松软得像冰淇淋，这是在说明目前提供的食物不好消化，或是肠道受刺激或正在生病发炎，让水分渗出肠壁。

级数越往下走，来到1~1.5级，此时的粪便看起来特别干涩，粪便含水量不足，这就是便秘了。看到这样的粪便，可以调整纤维比例，帮助肠道蠕动，当粪便在大肠中久留会使得水分被肠子吸干。请多带狗狗到户外散步，因为运动也是促进肠蠕动的方式之一。

**威豪粪便评定系统**

第1级　第1.5级　　第2级　　第2.5级　　第3级

颗粒状、干硬、易碎的粪便

健康的粪便，形状完整成条状，有些凹纹，捡起不留痕迹最佳；粪便完整成形，但富含水分时捡起会有一点黏地。

第3.5级　　第4级　　第4.5级　　第5级

粪便水分变得更多，更不成形，从稍微可见形状的3.5级一直到4.5级的粪便结构越松软，第5级为水便形态，有时可观察到出血的黑便或鲜红色血便。

## 呕吐

这是一种胃肠道受到刺激的反射动作，是希望能将刺激物排除掉的保护性反应。刺激可以来自神经、各种外来物（不适当的食物、病原、异物），组织受到刺激的结果，就是导致发炎。

面对家中狗狗呕吐，先不要慌张，要冷静思考最可能的原因是什么。不妨朝几个方向追溯：是不是饿坏了？空腹太久，所以胃酸过多让胃不舒服？这种状况通常发生在主人赖床的周末早晨。最近有没有过分快速地更换新食物？急速换食有点类似我们出国旅游，突然吃到很多平常不常吃的食物，消化系统一时之间反应不过来，还不适应而导致了呕吐。

有没有可能吃到什么不该吃的东西？如不能吃的、会过敏的、过期的、坏掉的，或保存方式出现问题。又或是太油、调味料乱加？不适当的食物会剧烈刺激消化道，吃到会导致狗中毒的食物更可能造成其他器官（例如胰脏、肝脏、肾脏）或全身性的伤害（像洋葱会导致红细胞破裂），有这类潜在可能都要尽快就医。

如果吞进不能消化的异物，像是乱咬电线、塑料地垫、果核、玩具等，有可能造成消化道阻塞，视阻塞部位或阻塞程度而有不同程度的呕吐症状，有这类风险也要尽快到医院检查。还有回想一下今年度预防针有没有完整施打？一些传染性疾病感染也会造成呕吐。

当呕吐症状还不严重的时候，主人可以先采取下列方法：如果是饿太久的问题，就赶快起床喂饭；如果不是因为饿太久，那么评估一下呕吐的状况是否剧烈，如果呕吐状况不会太严重，或是可以确认是最近给了会让狗肠胃不适应的食物，那么可以先让狗停止吃任何东西一整天，让肠胃道休息，感觉症状缓解后再视状况少量喂食软性，而且是从前吃过的安全食物，不要给太油腻、太多难消化的食材。但若呕吐症状非常剧烈，吐到脱水，或明显感觉狗狗精神变差、食欲非常不好，就应立刻至信任医院寻求专业医疗救助。

# 从一泡尿窥探身体玄机

## 尿量与尿色

正常狗每千克体重每小时可以制造 1~2ml 的尿液，所以 5kg 体重的狗狗，肾脏每小时会产生 5~10ml 的尿。当然这是正常的情况下，常见的尿量变动因素很多，例如大量运动、天气太热、大量喝水或是饮食中的含水量较高时，尿量也会较多。

基本上喝进多少水，大约会等于所产生的尿量。有空时可以自己在家测量狗一天大约喝多少水，比如说固定早上水碗中放置 50ml 的水，晚上测量还剩下多少水，再重新放置 50ml 的水，如此重复测量 24 小时，就可以知道狗一天喝的水量。尿量的话，则可通过称量一整天下来尿布垫的重量变化得知。

**一天中鲜食含 70%重量的水＋额外喝进的水**
**≈一天的尿量**

鲜食因为含水量达 70％，远高于含水量 8%~10％ 的干饲料，所以许多刚加入鲜食派的主人会对于狗增加的尿量感到惊讶，但其实这是正常而且也是更健康的。除此之外，可能还会发现原本浓稠的尿色变得较淡，表示尿中水分变多了。

但如果尿开始出现不同以往的颜色，比如红色、红褐色或茶色，或是尿中有小结晶、不明悬浮物、变得混浊，这都不是正常现象，表示泌尿系统很可能出问题，必须到医院进一步检查。另外，还有频尿、开始在原本固定的地方以外乱排尿、尿液量变得特别多或特别少，甚至整天没有尿，也是泌尿系统出问题的警讯，不能等闲视之，也要尽快就诊。

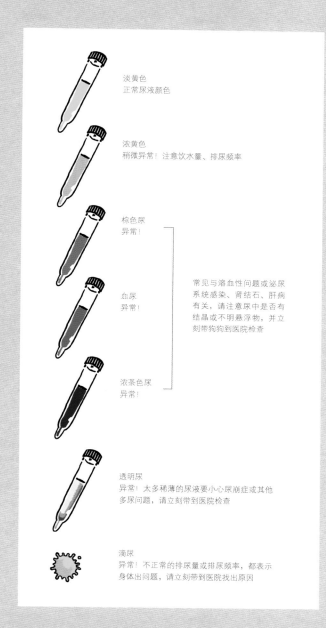

淡黄色
正常尿液颜色

浓黄色
稍微异常！注意饮水量、排尿频率

棕色尿
异常！

血尿
异常！

常见与溶血性问题或泌尿系统感染、肾结石、肝病有关，请注意尿中是否有结晶或不明悬浮物，并立刻带狗狗到医院检查

浓茶色尿
异常！

透明尿
异常！太多稀薄的尿液要小心尿崩症或其他多尿问题，请立刻带到医院检查

滴尿
异常！不正常的排尿量或排尿频率，都表示身体出问题，请立刻带到医院找出原因

# 其他可观察的状况

## 皮肤毛发

　　一只健康的狗，皮肤应该是干燥、无皮屑，没有特别潮红或发痒，没有油腻的气味或细菌感染的红疹或小脓包。毛发会闪耀着健康的光泽，随着品种的不同，毛发质地也不同，但大体而言颜色应该是均匀、没有脱色，毛根健康生长不易脱落。轻微的营养不均衡，也会影响到皮肤毛发的健康，若是有食物过敏性问题，也会很明显感受到狗狗嘴角或全身发痒，这时就该避开那些可能造成过敏的食材。

## 保水度

　　不是只有人类会感觉到皮肤干燥，狗也一样。过度干燥的皮肤容易有鳞屑产生，皮肤的弹性也会下降。可以轻轻将狗后颈到胸背侧的皮肤向上提起，观察皮肤回弹的速度，如果感觉有些延迟，没有瞬间弹回，皮肤会隆起一段时间才缓慢恢复原状，再加上触摸牙龈处感觉黏膜是干黏的，而非健康湿润的状态，这表示狗的身体很可能是处于缺水的状态，要想办法找出缺水的原因。

## 口腔

　　观察狗的口腔，牙龈黏膜应该是湿润且粉红的，轻压牙龈可见能在 2 秒内恢复原本的血色。正常状态下口腔不应该有难闻的臭味，除非有腐臭的食物残渣、大量细菌滋生、牙菌斑、牙结石等。千万别以为可以靠洁牙骨或嚼食干硬饲料来预防牙结石，也别误会湿食是导致口腔问题的凶手，真正的元凶是没有天天刷牙。只要狗狗有吃东西，就应该养成刷牙好习惯，有效清除牙齿上的细菌和食物残渣，才是预防口腔疾病的根本方法。及时清掉牙菌斑，才能避免日积月累形成牙结石。

严重的口腔问题，会造成牙龈红肿、化脓或形成瘘管，往上会侵犯软组织或让脸烂掉。更可怕的是，口腔感染的细菌还可以通过血液循环抵达身体的其他器官，甚至在心脏内膜繁殖，导致细菌性心内膜炎与不可恢复的瓣膜损伤。

如果家里狗狗已经有严重的牙周病或牙结石，这时才开始努力刷牙是没有用的。一定要先到医院洗牙，将牙结石彻底清除掉，之后再坚持每日刷牙维持口腔清洁。没有彻底洗牙前，刷牙就像在隔靴搔痒，隔着牙结石刷，没刷到埋藏在底下真正的牙齿，感染仍然持续着，不会有帮助。

洗牙不可怕，要小心的是麻醉，但通过完善的手术前检查（血液、血压、心电图、X 光），彻底了解狗的身体状况后，医生才能帮狗选择最合适的麻醉方式、麻醉药物，就能尽量降低麻醉风险。

## 颜面

眼睛、耳朵、鼻子，正常都要干净、无分泌物、无异味。眼睛要清澈而明亮，结膜是漂亮的粉红色而非红肿。食物过敏的时候，有的狗会开始眼泪汪汪，眼睑、嘴唇红肿，就像人吃虾蟹过敏一样。这些都是很容易注意到的症状。

**健康小专栏**

# 口腔保健：亲亲狗宝贝不犹豫

　　狗狗的人生花了一半以上的时间在等主人回家，家里有狗狗的人都知道，回家开门的瞬间，等你一整天的狗狗总会冲到门前来热情欢迎（我都称这是狗狗为人举办的"欢迎归来"仪式），如果它们还保有小时候跟妈妈撒娇的习惯，便会疯狂地要亲亲你的嘴角，表达它今天有多么想念你。这时如果狗狗嘴巴臭臭的，很多人可能就下意识地拒绝回应狗狗的亲亲。为了不让狗狗失望，而主人也可以充分享受这段幸福的时光，一定要每天做好狗狗的口腔保健功课。

　　越是担心洗牙的麻醉风险，就越是必须餐餐饭后帮狗狗刷牙，狗狗的口腔健康要靠主人认真维持，别等到满嘴牙结石就来不及了。

## 牙结石的形成分为四个阶段

第一期：牙龈有些轻微的发炎现象
第二期：牙龈除了发炎，还有些浮肿。牙菌斑滋生，狗狗出现轻微口臭
第三期：肉眼可见明显的牙结石，口腔出现恶劣气味
第四期：牙龈严重发炎，牙周韧带崩坏，牙齿松动脱落，可能出现化
　　　　脓或溃疡，严重甚至出现瘘管、齿槽骨退化

　　前面一到三期还可以利用超音波洗牙，配合药物治疗而让牙齿恢复原本健康状态，但若发展至第四期，此时早就为时已晚，牙龈萎缩、齿周韧带崩坏都无法挽回，结果就是导致严重的口腔疾病、牙齿脱落，有的狗因为牙痛不吃东西，或是因为整口烂牙而引发进一步全身感染。

　　越早开始建立刷牙的好习惯，而且每天刷牙的功课做得越彻底，就越不容易发展成不可挽回的地步。狗狗若要尝试鲜食，因为食物黏稠

度较高，更得做好口腔清洁，避免食物残渣堆积在牙齿表面或牙缝中，形成细菌滋生的温床。

有的人认为，吃鲜食比吃饲料更容易有口腔问题，这其实是没有找出问题的真正根源。虽然干饲料的确比较不容易黏牙，但真正造成口腔问题的是没有饭后刷牙，就好像人也不是吃干饲料，但人会主动清洁牙齿，也不会变得满嘴烂牙。我希望准备尝试鲜食的主人一定要有这个观念，做好狗的口腔保健，别让这个环节变成别人眼中吃鲜食的缺点。

每天帮狗狗洁牙除了卫生之外，也能顺便做个快速的检查，更棒的是，这样互动的过程中，狗狗能感受到主人的用心，也会因为感受到主人的爱而变得更有自信。

## 帮狗狗选择最适合他的洁牙工具

你是不是决定要开始帮狗狗每日刷牙呢？首先，必须先找到最适合自己狗狗的洁齿工具。

**市面上有非常多种洁牙的工具可供选择：**

1. 纱布
2. 洁齿纸巾
3. 指套
4. 指套型牙刷
5. 牙刷
6. 狗狗专用的含酶牙膏或洁齿液

不论是选择哪一种工具，最重要的是"你的狗愿意让你用这个怪东西接触它的牙齿"，如果买了最高级、刷毛设计最优秀的牙刷，结果狗狗却完全不让你刷它的牙齿，那反而更糟糕。准备好刷牙工具后，我们得帮助狗狗适应牙齿被碰触这件事。

**健康小专栏**

# 那么，现在开始练习刷牙吧

切记，贸然用牙刷去来回刺激狗狗的牙齿，绝对不是一件聪明的主人会做的事，不但不容易让狗狗接受，还可能在它们心中留下深刻的阴影。

要用无比的耐心搭配精心替狗狗准备的刷牙乐趣，比如边刷边称赞它、边刷边给它好吃的小点心，或是喝一点甜甜的蜂蜜水都可以（只是为了训练），放松的心情才能让狗狗养成刷牙习惯。切记！初期尝试刷牙，千万不能吓到它们，这就好像第一次洗澡就被水呛到的小狗宝宝，未来要想让它不恐惧洗澡，就得多花更多的力气。

请发挥过人的耐心与毅力，一点一滴，慢慢地让它们习惯，并且让它们理解刷牙并不是一件会伤害它们的事。

---

**一步一步帮狗狗刷牙**

请先试着上下翻开狗狗的嘴唇，露出牙齿，以下所有步骤皆按照顺序：由门齿开始，到犬齿、臼齿，再换另一侧。

1. 试着轻轻用手指触摸它的牙齿。
2. 试着用手指来回温柔摩擦它的牙齿。
3. 开始用手指在它牙齿上画圆。
4. 当手指进行画圆动作时，试着滴一点点清水在它牙齿上。
5. 开始尝试使用准备好的洁齿工具，只轻触它的牙齿表面，一样按照顺序进行到最后。
6. 开始使用洁齿工具来回摩擦它的牙齿，务必保持轻柔。
7. 若觉得有必要，可开始尝试加入犬用牙膏或洁齿液，也可以持续使用清水。
8. 试着张开狗狗的嘴巴往内侧刷。
9. 维持每天早晚、每颗牙齿、内外侧都要上下左右刷，每次至少刷 10 下。

---

## 狗是非常单纯又爱面子的孩子

当刷牙步骤的每一步成功后，请给予近乎谄媚的、戏剧化的赞美，给它看你笑弯的眼睛与嘴角，让它知道因为它愿意给你刷牙，是全世界最棒的孩子。表达完你对它的"崇拜"后，这时再视狗狗心情，判断能不能往下个阶段迈进。

若狗狗不能接受，请无限期停留在此阶段，并每天找一段空档重复跟狗狗练习，直到它习惯了，才能进入下个阶段。所有过程务必轻、柔、慢，再加上非常多非常多鼓励的话。

# 3-2 为狗宝贝计算过的均衡营养

营养素是食物中的元素，是提供动物生长、维持组织细胞功能的养分。必需营养素指的是动物体内无法自行合成或合成的速度无法满足需要的量，一定得由外界获得的营养物质；非必需营养素指的是可由动物自己合成足够的量，满足生理所需的营养物质。

依据结构、功能，将营养素分成六大类，除了经由吃东西来获得这些必需元素，其中三类营养素：蛋白质、脂肪、碳水化合物，同时也提供了热量，有了热量就像汽车加满油一样，才有动力运转。

## 食物的热量、热量密度与狗的每日能量需求

动物在食物并不异常吸引人时，基本上会维持身体的能量平衡，他们不会吃得过多，让自己太撑、变得太胖，也不会让自己饿到瘦削。这得建立在食物随时充足供应的前提下，如同野外生活的动物一般，会依自己的需求去打猎、摄食。

对现代社会中动物的生存模式而言，食物的保存就是随时提供充足食物的最大难题，所以一般城市里的动物，大致上还是得定时接受人类的喂食。然而，终于等到了吃饭时间，动物早已饥肠辘辘，主人若是没有控制好热量，一瞬间狗狗可能就吃得太多。

控制热量在运动量较少、食品较精致的现代狗生活中，特别重要。如何在这份受制于热量的食物中，巧妙地提供狗狗均衡的营养，成为现今小动物营养学的重点议题。

### 评估餐点的热量

首先要明白，只有这三类营养可提供热量：碳水化合物、脂肪、蛋白质。

代谢热量（ME, Metabolizable Energy）意指总热能（GE, Gross Energy）扣掉消化吸收过程中流失的热量后，真正可用于维持生理功能的热量。人食计算方式是用 Atwater 系数，根据这三种营养吸收后转换成热量的效率（脂肪和碳水化合物为 96％，蛋白质为 91％，因为蛋白质会转成尿素由尿液排出，所提供的热量中有部分会流失在尿中）平均而得的数值。

上述人食的热量计算方式运用在自制狗狗鲜食时，可有效评估高消化度的食品（如幼犬幼猫的食品），或那些特别用来帮助肠道修复，因此设计成高消化率的处方食物，但是对于一般的宠物食品来说，使用这种算法容易高估热量，原因是一般的宠物食品并不拥有像人类食物那么高的消化度。

一份 1985 年的研究，以 106 份狗食（干食、半湿食、罐头）测量消化吸收度，结果显示吸收度为：蛋白质 81％、脂肪 85％、碳水化合物 79％[注1]。美国国家研究院（NRC）1985 年以消化产热效率（80％蛋白质、90％脂肪、85％碳水化合物）调整人的 Atwater 系数后，修正为蛋白质系数 3.5kcal/g、脂肪 8.5kcal/g、碳水化合物 3.5kcal/g，称为 Atwater 修正系数，并以此计算宠物食品的热量。如果是使用人用等级食材制作的鲜食，因为消化度高的关系，可以不采用修正版本的系数，维持蛋白质系数 4kcal/g、脂肪 9kcal/g、碳水化合物 4kcal/g。

**计算餐点的热量公式**

餐点代谢热量（kcal）=
3.5 x 蛋白质（g）+ 8.5 x 脂肪（g）+3.5 x 碳水化合物（g）

**热量密度**

正因为一日所需的热量就是固定这么多，要如何在这份热量里同时摄取到足够的六大营养素呢？设计热量与营养素间的比例，就是关键。

## 热量密度是什么

热量密度指的是每单位重量或体积中，提供了多少热量。例如每克食物含多少卡（cal／g）或每千克食物含多少大卡（kcal／kg）。适当的热量密度要符合身体的自然限制，也就是胃容量大小，在这个先决条件下，再评估要让狗狗摄入多少热量。

若热量密度太低，狗狗吃得很撑也没办法获得一日所需的热量；若热量密度太高，狗狗很容易就摄取超过一日所需热量。

当食物的热量密度高到足以轻易满足动物每日能量所需，此时就必须控制每天的喂食量。现代的宠物食品为了吸引动物爱吃自家厂牌，无不在嗜口性上做足努力，变得好吃又高热量密度。因为好吃，狗狗忍不住一口接一口地吃，像人周末在家躺在沙发上吃薯片一样，又因为高热量密度，所以很轻易地变成了一个个小胖子。

维持体重跟生长速度的关键角色是热量，每日应根据狗狗需要的热量多寡，来评估给予多少克食物。那么，吃足所需热量时，究竟能不能同时满足必需营养素的需求，就成了另一个重要的问题。

> 一般情况是追求能量的稳定平衡，生长期或怀孕期则要是正平衡。

## 狗的每日能量需求

既然要估计每日给予狗狗多少热量，才能维持能量的平衡，我们得先了解这些热量的支出通常在哪里。让身体维持最基础的生理功能所需的能量称为基础代谢率（Basal metabolic rate，BMR），是每日能量最主要的支出。

为了维持每一个细胞的功能，必须给予能量，所以身体所有组织细胞，就像嗷嗷待哺的雏鸟一般，等着获得能量。不论是年龄、性别、激素，还是神经系统、营养状况、繁殖发育状况都影响着细胞的运转，如此也就牵涉到所需能量的多寡。此外，恒温动物为维持体温恒定，适应环境压力所形成的生理变化，肌肉运动，支撑身体骨骼，维持必要的活动量等，也都需要能量支出。

一只住在冰岛拉雪橇的哈士奇，跟住在温暖的台湾躺在室内乘凉的哈士奇，即使年龄相仿、性别与繁殖状态相似，每日所需能量也大不相同。

　　天平的另一边，是能量的收入，来自饮食。动物不像植物，可自行合成能量，动物获得能量的方法就是吃。身体在饥饿（能量不足）的状态下会发出讯号，请大脑发动进食指令，除此之外，还有一些因素会影响进食的意愿，例如食物色香味的诱惑程度、吃饭的固定时间到了、食物的口感质地、食物来源是否唾手可得（主人正在狗面前吃东西，也是一种食物唾手可得的状态）、胃的延展大小、身体内的激素变化、特定营养素的缺乏等。

　　所以，在我们评估过狗狗能量支出的各种方向及大概支出了多少后，可以用下方的公式来计算狗的每日能量需求。

---

**以静止能量需求推估每日能量需求：**

1. **先求得静止能量需求（RER）：以下公式择一适合的计算**

   公式一：　RER ＝ 30×体重（kg）＋ 70 ……（2~45kg适用）

   公式二：　RER ＝ 70×体重（kg）$^{0.75}$ ……（2kg以下或45kg以上）

2. **再乘以一个合适的系数得到每日能量需求（DER）**

   DER ＝ 系数 X 静止能量需求（RER）

**请由下方各种状态中，选一种适合自家狗狗的系数**

| | 衡量狗狗的状态 | 对应的系数 |
|---|---|---|
| 一般狗狗 | 已绝育状态 | 1.6 |
| | 未绝育状态 | 1.8 |
| 减肥期狗狗 | 轻等强度减肥 | 1.4 |
| | 中等强度减肥 | 1.2~1.4 |
| | 剧烈强度减肥 | 1.0 |
| 活动量大的狗狗 | 轻等活动量 | 2.0 |
| | 中等活动量 | 3.0 |
| | 剧烈活动量 | 4.0~8.0 |
| 成长期狗狗 | 狗狗体重不满成犬时的50% | 3.0 |
| | 狗狗体重已达到成犬时的50%~80% | 2.5~2.0 |
| | 狗狗体重已达到成犬时的80%~100% | 2.0~1.8 |

注1：Kendall PT, Burger IH, Smith PM. Methods of estimation of the metabolizable energy content of cat foods [J]. Feline Pract, 1985, 15:38－44.

## 动手算算看，狗狗每日所需能量

### 第一步　先求得静止能量需求

我的狗体重是：_____ kg

在2~45kg范围内，选择〈公式一〉

在2kg以下或45kg以上，选择〈公式二〉

例如：

体重10kg，选用公式一：RER =（ 30 x 10 ）+ 70 = 370

体重1.5kg，选用公式二：RER = 70 x $1.5^{0.75}$ = 94.87

计算机这样按：体重的三次方，再开2次根号 $\sqrt{\phantom{x}}$ ，最后乘以70

得知我的狗静止能量需求RER是 _____ kcal

### 第二步　挑一个系数，得到每日能量需求

由左方表格中，挑选一个合适的系数：_____

将这个系数 乘以第一步中得到的结果

例如：

体重10kg未绝育狗狗，选系数1.8， 可得DER=1.8 x 370 =666（kcal）

体重1.5kg已绝育狗狗，选系数1.6， 可得DER=1.6 x 94.87=151（kcal）

于是算出，我的狗的每日能量需求（DER）是 _____ kcal

由于狗的体型差异很大，随着体重上升而体表面积减少的关系，也影响着每日热量的评估，除了本书提供的热量计算公式之外，还有很多其他学者提出的计算方式，目前这些公式皆可行。

**由计算所得的数值提供一个起始的建议值，但实际运用之后，主人必须根据狗的体重增减情形，来增加或减少给予量。**

**社交促进力 Social facility**

狗在有其他狗出现在食物周围的时候，会增强它吃掉食物的意愿。所以多犬家庭相较于单犬家庭，容易有过度喂食的倾向。

## 学习调整每日喂食热量

在前面章节中，我们学会如何计算狗的每日能量需求，但所得的数字只是一个起始值，每只狗狗的状态不一样，消化吸收营养的程度不一样、活动力不一样、生活的方式也不同，具体所需的能量也会不一样。

从本章节开始，我们要一步一步评估狗狗的身体状态，太胖的狗就减少热量，太瘦的狗就增加热量，慢慢去调整每日能量，让狗狗的身材能够近乎完美。

## 自己评估家中狗狗的 BCS 指数

还记得第 102 页提到的胖瘦评估（BCS 指数）吗？现在我们要一起来给自己的狗打分数。BCS 指数就是身体体态指数，本书采用 5 分制的 BCS 指数，我们的目标是让动物维持在 BCS = 3 / 5，BCS 高于 4 / 5 的成年动物引发疾病的风险会提高。成长阶段的狗若 BCS 指数低，则会增加健康的隐患。

**我家狗狗BCS得几分：＿＿＿＿＿＿ / 5（分数越接近5级越胖，分数越低越瘦）**

请一边参考第 103 页的 BCS 体态图，一边评估狗狗的身材

 **单凭眼睛看，从狗的正上方看、从侧边看：**

远远就可看见明显的肋骨、脊椎骨与骨盆骨，尾骨轮廓都很清楚，腰部极致凹陷，肚子一点肉都没有，一看就知道身上几乎没有脂肪，伴随肌肉孱弱，看起来像风中残烛（我常觉得这时它们的骨头好像随时可以折断一样，通常此时健康状态不佳）。

▶ BCS ＝ 1 / 5

---

 **上述动作，加上触摸肋骨：**

能触摸到肋骨，但肋骨上几乎摸不到脂肪，正中脊椎的脊突凸起可轻易看见，骨盆明显。腰部内缩，但不至于凹陷，比起 BCS ＝ 1 / 5，有一点点肌肉量。

▶ BCS ＝ 2 / 5

---

 **上述动作，加上触摸脊椎、骨盆骨：**

看不到肋骨、脊椎轮廓，但轻触这些骨头可感受到一层薄薄的脂肪覆盖着，从狗正上方可见漂亮的 S 形曲线，从侧面看腹部平坦上斜，肌肉量应充足，轻压肌肉具有强度，此为最佳状态，也是标准体态，这时狗狗的体重就是完美体重。

▶ BCS ＝ 3 / 5

---

 **上述动作，加上触摸腰椎与尾巴根部：**

要稍微施力才能感觉到肋骨，因肋骨上有较多脂肪包覆，腰椎与尾根部也有脂肪堆积，从正上方看只见水桶腰，平平的腰线没有曲度，侧看腹部也是水平的，没有上斜。

▶ BCS ＝ 4 / 5

---

 **上述动作，加上触摸脖子背侧、胸口：**

胸口、脊椎、肚子与尾巴根部都堆积一层层厚厚的脂肪，由正上方看狗的腰部膨膨的，从侧边看肚子也胀得鼓鼓的，大腿、上臂也有一些脂肪。此时肌肉量不一定正常，有的胖胖犬也有肌肉量不足的迹象，大多为脂肪堆积，请小心评估。

▶ BCS ＝ 5 / 5

## 要如何调整狗的每日热量呢

首先，在先前讨论热量的章节中，我们已经试算出一个每日热量需求数值作为喂食热量的起始值，也评估出家中狗狗的 BCS 指数，接下来我们得连续观察一段时间，记录以此热量喂食之后，狗狗的体重与体态变化。

---

**家中狗狗的每日热量需求是_____kcal（请翻回第119页）**

**根据此热量喂食后的体重观察周记**

| | | | | | |
|---|---|---|---|---|---|
| 第 0 天 | 年 | 月 | 日 BCS | / 5 体重为 | kg |
| 第 7 天 | 年 | 月 | 日 BCS | / 5 体重为 | kg |
| 第 14 天 | 年 | 月 | 日 BCS | / 5 体重为 | kg |
| 第 21 天 | 年 | 月 | 日 BCS | / 5 体重为 | kg |
| 第 28 天 | 年 | 月 | 日 BCS | / 5 体重为 | kg |

体重变化为（请勾选）：

☐快速减轻　　☐微减轻　　☐维持体重　　☐微增重　　☐快速增重

我的狗此时的 BCS 指数为　　　/ 5 ，为了达到 BCS ＝ 3 / 5 的标准体态，我的狗应持续（请勾选）：　☐减重　　☐维持　　☐增重

---

一般来说，若评估过后决心增重或减重，建议主人可以增加或减少原本热量 10 ％ ~20 ％来尝试，并继续观察体重变化。若体态已达完美标准，而肌肉量也充足，恭喜你，接下来只要每天以此热量维持体重即可。

---

✓ 我的狗调整后每日热量需求为：_____ kcal／天

✓ 根据本书食谱提供的热量，计算每份食谱可给狗狗吃几天

　例如：小花每日热量需求调整为300kcal／天

　根据本书中某食谱，标示一份热量含200kcal，则本食谱可提供

　小花 2／3 日热量。

# 餐点中的三大营养比例

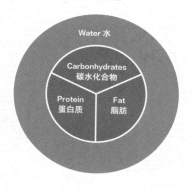

## 蛋白质

蛋白质的需求量，与身体内蛋白质的建构与崩解速率有关，尤其在生长期、怀孕期或任何身体承受压力的时候都会加倍需要氨基酸。一般成犬维持期，若氨基酸不足会使得陈旧组织无法更新，长期将造成相关功能丧失。

越优质的蛋白质，提供的氨基酸种类越符合狗的需要，且优质蛋白质好吸收，残余在肠子内无法吸收的量较少，吸收越完全，即蛋白质的优劣关系着蛋白质给予量的多寡。考量到一般食物的蛋白质大多是混合多种来源的，故美国饲料管理协会建议成犬维持期需摄取蛋白质提供的热量占餐点代谢能量的18％；NRC建议成长期14周前需占ME（代谢能量）的21％，14周大后需占ME的17.5％。

---

**小知识**

由于蛋白质主要元素为氮，科学家可经由实验测量氮元素进与出的平衡，来评估蛋白质摄取是否充足。粪便中的氮来自吸收食物后剩余残留在肠内的氮，以及身体排出的氮。

尿中的氮主要来自蛋白质代谢后的产物——尿素。另外指甲、自皮肤脱落的细胞碎屑、毛发的掉落也会流失氮，不过这难以估计，在氮平衡的测量中并不列入考量。这个实验也无法衡量必需氨基酸是否充足。

**氮平衡＝食物提供的氮含量－尿与粪便当中排出的氮含量**

## 脂肪

身体需要脂肪提供必需脂肪酸，并协助运送脂溶性维生素，适度的油脂量能增添食物的风味，让餐点更受狗狗喜欢。

美国饲料管理协会建议成犬每餐的脂肪量为 5%~13% DM（Dry Matter，干重），而生长期、泌乳期或活力旺盛的成犬可调整每餐脂肪高达 20% 以上。其中，亚麻油酸（Omega-6）至少占 DM 的 1%，而 $\alpha$-次亚麻油酸（Omega-3）至少占 DM 的 0.044%（或提供代谢热量的 0.09%）。**建议将 Omega-6：Omega-3 维持在（4~22）：1 之间：Omega-6 有促进发炎的效果，在日常使用的油品中含量较为丰富，且较稳定，不易受温度变化而失去活性；另一方面，Omega-3 则是负责抑制发炎，与 Omega-6 互相抵抗，且较易受热影响活性，因此一般食物中多较为缺乏。**

我们在制作鲜食时，须注意这两类脂肪酸的比例，将两者掌控在（4~22）：1 之间，让身体有 Omega-6 可以促进发炎，同时又不会过度发炎。发炎并非全然不好，若身体的炎症反应完全被压制，则不能对抗外来的病原，但一旦发炎得太过火，也会造成身体不适，因此要将比例控制好。若缺乏亚麻油酸则会使皮肤毛发干燥无光、掉毛或伤口复原慢。

美国国家研究院另外建议在成长阶段，EPA 和 DHA 这两种 Omega-3 脂肪酸的适当摄取量为每 1kcal 的食物中，需含有 100mg 的 EPA 和 DHA，若长期缺乏的情况下，将可能影响神经、视网膜的发育，或导致生殖方面的障碍。

## 碳水化合物

糖类对肉食动物而言并非必需，曾有研究喂食怀孕母狗完全没有糖类的食物，结果造成新生幼犬极高的死亡率。另有一份研究同样喂食怀孕母狗无碳水化合物的食物，但同时给予第一种实验的约 2 倍量的高蛋白饮食，其中含有合成血糖的氨基酸（丙氨酸、甘氨酸、丝氨酸），结果并不影响幼犬的生长，血糖可由这些氨基酸转换而来，所以碳水化合物并非无可取代。

加热淀粉可以增加淀粉的消化度。注意，除了煮熟的淀粉可以提供狗狗热量外，双糖类（如蔗糖、乳糖）对狗狗来说是较无法承受的，原因是狗消化双糖的酶并不如其他动物。

狗狗离乳后随着年龄上升，消化乳糖的能力越差，除非有一直持续在摄食乳制品，否则能承受的乳糖量会大幅下降。面对含有这些糖类的食物，如水果、带甜味的蔬菜、乳制品，尤其牛乳、羊乳的乳糖含量都较狗乳汁高，不能给太多，否则过多无法消化的糖类残留在大肠，会影响水分吸收，促进细菌增生而造成软便、腹泻，间接导致其他营养吸收不良的情形。

可溶与不可溶性纤维也是碳水化合物中重要的成员，可溶性纤维大多可被肠内菌发酵，产生短链脂肪酸，对于肠上皮细胞是重要的养分。而不可溶纤维可以增加食物的体积，提供饱足感，却因为不被消化而不会增加食物供应的热量，同时干扰其他营养素的吸收，避免血糖急速上升，也可促进肠胃蠕动排空，调控着消化道的功能。

一般狗食物中的碳水化合物如白饭、玉米、燕麦等，可由淀粉类满足狗的热量需求，避免蛋白质被用来当作产生热量使用而无法供应氨基酸，这些碳水化合物也同时带来了膳食纤维，滋养肠上皮细胞，也调控消化道功能，所以肉食动物食用碳水化合物并不是全然无用途。

综合以上，狗的理想饮食的比例：

✓　符合以下三大营养素提供的代谢热量（Metabolic Energy，ME）比例

✓　符合干重（DM）计算的比例

| 巨量营养素 | 代谢能量比例建议 | 干重比例建议 |
| --- | --- | --- |
| 蛋白质 | 18%~35% ME | 15%~30% DM |
| 脂肪 | 35%~65% ME | 10%~20% DM |
| 淀粉 | 10%~45% ME | 55% DM 以下 |

其中膳食纤维占 5% DM 以下

综合以下资料：

* Linda P., et al. Canine and feline nutrition: a resource for companion animal professionals [J]. Elsevier Health Sciences, 2010.
* Dzanis, David A. The Association of American Feed Control Officials dog and cat food nutrient profiles: Substantiation of nutritional adequacy of complete and balanced pet foods in the United States [J]. Journal of nutrition, 1994, 124, 12 : 2535S.
* Nutrient Requirements of Dogs and Cats (2006)

## 让我们来练习一下，学习评估健康狗狗适合的营养含量是多少

还记得第115页提到的Atwater系数吧！
当我们评估市面上宠物食品时，会使用Atwater修正系数来估算。

> 蛋白质提供热量：　3.5kcal／g
> 脂肪提供热量：8.5kcal／g
> 淀粉提供热量：3.5kcal／g

一起试试看：
米蒂是一只健康、活力正常、还没绝育的成年玛尔济斯，体重2kg，
先算出它的RER值是 2 x 30 + 70 = 130
再乘以系数1.8得到每日能量需求DER ＝ 234kcal

接下来，我们想知道米蒂每天建议摄取多少蛋白质（请对照前页的一般健康成犬饮食建议）

米蒂的每日能量需求DER是：234kcal
第一步　234kcal 中，蛋白质负责供应18%~35％，也就是42.12~81.9kcal来自蛋白质
第二步　利用Atwater修正系数，每克蛋白质提供热量3.5kcal
　　　　将（42.12 ~ 81.9）/ 3.5
可知道，米蒂每天需要摄取 12.03~23.4g的蛋白质 。

重复这两个步骤，将狗狗的每日能量需求，依照建议比例分派给三大营养素，
之后除以对应的Atwater修正系数，就能知道三大营养素每天的建议摄取量。

利用这个方式，大家可以试算一下自家狗宝贝，分别需要多少营养素。

我的狗每日能量需求为：＿＿＿＿＿＿ kcal （请翻回第119页，那儿有先前算好的答案）

蛋白质负责提供：＿＿＿ ～ ＿＿＿ kcal　　　　　每日蛋白质需求量：＿＿＿ ～ ＿＿＿ g

脂肪负责提供：＿＿＿ ～ ＿＿＿ kcal　　　　　每日脂肪需求量：＿＿＿ ～ ＿＿＿ g

蛋白质：3.5 kcal / g
脂肪：8.5 kcal / g
淀粉：3.5 kcal / g

淀粉负责提供：＿＿＿ ～ ＿＿＿ kcal　　　　　每日淀粉需求量：＿＿＿ ～ ＿＿＿ g

分别除以Atwater修正系数

# 3-3 克服鲜食的营养限制：
# 自制或准备营养补充品

由 2013 年美国加利福尼亚大学戴维斯分校兽医学院营养专科医生做了一份研究，自网络、书籍搜集 200 份宠物鲜食食谱进行电脑数据分析，惊人的发现只有 9 份食谱符合美国饲料管理协会的最低营养标准，其中 8 份食谱由兽医所设计……

95％食谱被指出必需营养素不足，其中 83％不只缺乏一种必需营养素，而是多种。92％的食谱没有明确指示使用者该如何补充食谱中不足的部分，或如何准备这些营养补充品，甚至有 85％食谱并未标示每道餐点的热量供读者参考。

这些食谱缺乏的营养素重复性极高，有些人认为经常变换食谱来准备宠物餐点，可以避免长期缺乏特定营养，但根据这份研究结果，经常变换这 83％缺乏不止一种必需营养的食谱，显然并不能够互相弥补缺乏的部分，因为它们其实都重复缺乏这些营养。

主导这份研究的詹尼弗·拉森教授建议在开始自制鲜食前，应先寻求专业医生，协助选择合适的食谱。

而这几年来自制鲜食的风气兴盛，长期观察下来，我最担心鲜食缺乏的营养素排行榜是：

第一名：钙 （大多数食谱没有小心平衡钙与磷的比例）
第二名：锌
第三名：维生素 D
第四名：维生素 E
第五名：碘

我认为钙磷比是自制宠物鲜食中最重要的部分，自家制作的鲜食一定要注意餐点中可吸收的钙磷，两者之间比例务必维持在钙：磷＝（1：1）~（1.8：1）（钙是磷的1~1.8倍）。

植物性食材的钙磷含量通常比动物性食材低，动物性食材虽然整体来说钙磷含量较高，但大多数肉品的磷含量远高于钙含量，若未特别注意，自制鲜食其实一直都是钙远低于磷的。长期下来会令主要负责调控血中钙磷比的副甲状腺引发营养性继发性的副甲状腺功能亢进症，造成骨质流失后，骨头易断裂、骨折，下颚骨若受影响，连带会有牙齿松脱等问题接踵而来[注1]。

# 准备营养补充品

## ● 钙质

自制鲜食中，由于肉、菜、饭大多磷含量高于钙，若没有特地补充钙质，长期下来会导致非常严重的问题。我在讲座或接受营养咨询时，发现有些主人由于担心钙的不足，会另外给狗啃大骨、吃骨粉、丁香鱼粉、小鱼干、喝牛奶、吃乳酪，事实上这并不能解决餐点钙磷失衡的问题。虽然这些食材相较于其他食物含有较多钙，但同时也含有磷，两者之间含量的落差并没有大到足以在建议的钙磷摄取量范围内就把餐点中的钙磷跷跷板给扳回来。

也就是说，若是希望靠这些食物来平衡钙磷比是不太可能的。就好像跷跷板的一边坐着一只大象，另一边坐着一只松鼠，这时你再怎么努力在松鼠那侧加入小兔子（而且加兔子的时候会顺便带着一根胡萝卜加入大象那一侧），也不足以平衡这个跷跷板，除非你邀请到重量级的河马，也就是专门的营养补充品。请注意，我并不是说不能吃这些东西，而是用在平衡餐点钙磷比上其实没什么效果，不要抱着能调整钙磷比的期待，单纯跟狗分享这些东西就好，它们一样是天然食材的选择之一。

要添加在食物中以平衡磷与钙的落差，就必须找到钙跟磷含量差很多的东西（如同邀请一只河马去帮忙松鼠平衡大象一样），而我会建议准备以下这些钙质补充品。

注1: Hintz HF, Schryver HF. Nutrition and bone development in dogs [J]. Comp Anim Pract. 1987, 1:44 - 47.

**蛋壳粉**

整颗鸡蛋就像个藏宝库，提供完整的营养，当然也包含蛋壳。蛋壳的90%~95%成分是碳酸钙，约5%碳酸镁，剩下是磷酸钙，可以说钙占了绝大多数。1g蛋壳粉中含有0.3~0.4g的钙，而磷含量很低几乎可以忽略不计。

补充纯钙时吸收度并不好，建议可将蛋壳粉溶解于酸性溶液中，例如一点点柠檬汁、柳橙汁、番茄汁或乳酸，再加入鲜食内（作为分开的饮品也可以，看狗狗接受程度），同时搭配维生素C与维生素D，可大幅提升吸收效果。（制作方法请参第135页自制蛋壳钙粉）

**钙片 钙粉**

宠物用或人用的都可以，最好是纯钙粉不含其他矿物质。乳酸钙、柠檬酸钙都是较好吸收的选择。钙质含量参考品牌包装上标示，通常人的钙片1片的钙含量远超过中小型狗所需的量，须自行裁切、分量、磨粉，按照本书食谱建议量使用。

## ● 锌

除了钙磷比不平衡之外，自制鲜食中第二个令人担忧的是锌的缺乏，没有适度的锌摄取，在快速生长期的大型犬身上特别容易出现问题，饮食上锌摄取不足大约2周，在足掌垫、肘关节外侧或脚跟处便会慢慢出现皮肤异常状况。刚开始可能只是小的褐色至红色斑块，慢慢扩大成褐色、干燥、粗糙的硬皮，毛发开始变得干燥无光，毛色变得黯淡，甚至褪色。

缺锌导致的皮肤毛发问题，有时可见到掌垫的过度角化，出现增生的硬皮，严重的话也会影响身体组织生长。虽说在鲜食中准备红肉（如牛、羊、鸵鸟肉）的锌含量会比单吃鸡肉更多，但还是有时会碰到餐点中锌较不足的时候，AAFCO建议狗每1000kcal的食物须含20mg的锌，而我会使用以下方法来补充。

**鸡蛋**

设计含鸡蛋的食谱，可增加天然的锌摄取量。锌主要存在鸡蛋的蛋黄中，1颗25g的蛋黄中约含1mg的锌（不只如此，还可提供铁和钙质），但同时也要注意给予鸡蛋会提升整体的磷含量，胆固醇（约含 300mg）与热量也较高。如果不是对鸡蛋过敏，蛋对狗而言可以提供非常优质的蛋白质，也能兼顾微量的元素，建议每周 1~2 次摄取鸡蛋。

**牡蛎**

我的食谱中也会运用到牡蛎，因 25g 牡蛎含较高的锌、镁，相较于蛋黄，牡蛎的磷较低，运用时比较不受磷的限制，但钠含量较高为 90mg，胆固醇也有 12.7mg，所以要特别注意，有心血管疾病、高龄的狗狗都不应过量喂食。

牡蛎也含有牛磺酸，虽然牛磺酸对狗来说并非必需氨基酸，但对于心肌细胞同样具有保健效果。挑选牡蛎时应选外观有光泽、形状饱满、裙边完整者，也应留意牡蛎来源，以免有重金属污染的风险。对本食材如会过敏，也不建议使用。

**蛋黄与牡蛎之营养成分比较：**

|  | 锌(mg) | 磷(mg) | 钙(mg) | 铁(mg) | 镁(mg) | 热量(kcal) |
|---|---|---|---|---|---|---|
| 25g水煮蛋黄 | 1.0 | 140 | 35 | 1.6 | 3 | 85 |
| 25g牡蛎 | 1.8 | 25 | 6 | 1.6 | 15 | 20 |

**锌制剂**

建议请兽医推荐，协助寻找专门设计给狗使用的锌补充剂，锌含量参考包装上的标示，再搭配本书食谱使用。

## ● 维生素

### 维生素 A

所有动物都需要活化态的维生素 A，狗可以自行转换类胡萝卜素以获得活化态的维生素 A，所以狗可摄取来自植物的类胡萝卜素而满足维生素 A 的需求。但猫不行，它们必须补充鱼肝油、肝脏获得足够的维生素 A。

NRC 于 2006 年建议狗的适当维生素 A 摄取量为每 1000kcal 含 1000IU（国际单位）维生素 A。类胡萝卜素这类维生素 A 的前驱物质的吸收不会造成中毒，真正过量会对身体细胞造成伤害的是活化态的维生素 A，须注意补充肝脏、鱼肝油的用量。

## 维生素 D

AAFCO 建议每 1000kcal 食物中应提供狗狗 125IU 维生素 D，上限量为 750IU。狗的皮肤虽然能自行合成维生素 D，但却不足以完全满足需求，因此一般食物中建议必须提供维生素 D。

不管是猪肝、鸡肝、牛肝、鱼肝油，或是鱼类如鲑鱼、鲣鱼、煎蛋、牛奶（脱脂牛奶除外）中都含有维生素 D，每周建议 1~2 次以这类食材制作均衡营养的鲜食。若无法以这类食材制作鲜食，我会使用鱼肝油，同时能补充维生素 A 与 Omega-3。

**鱼肝油**

每 1000kcal 食物放凉后加入 1ml 鱼肝油，可同时满足维生素 A 与维生素 D 的最低需求量。1ml 鱼肝油约含 10kcal 热量，其中胆固醇 6mg、Omega-3 约 200mg、Omega-6 约 10mg，两种脂肪酸比例相差 20 倍，使用上须注意必须与其他 Omega-6 油脂作搭配。

由于脂溶性维生素具有累积性，视情况每周补充 1~2 次即可，千万不能任意补充，更不能过量，否则会有中毒的风险。

## 维生素 E

评估狗每天需要多少维生素 E 有两大指标：与食物中的不饱和脂肪酸（PUFA）、硒的含量多寡有关。当食物中的 PUFA 越多，需要越多的维生素 E 以稳定脂肪；硒是另一种可避免脂肪受到氧化性伤害的元素，若食物中的硒含量增加，维生素 E 就可以减少用量。NRC 于 2006 年建议每 1kg DM 食物需含 30mg 维生素 E。

**冷压植物油**

冷压植物油脂可补充维生素 E、维生素 K，尤其在吃多了鱼油之后，维生素 E 可稳定油脂，避免氧化。在自家制作鲜食中我通常不担心 Omega-6，原因是大家常用的原料如家禽肉，就会含有足够的 Omega-6，而这种脂肪酸本身也较稳定，不易因受热而被破坏。但是为了使 Omega-6 与 Omega-3 维持在适当的平衡状态〔（4~22）：1〕，我们必须额外补充富含 Omega-3 的油脂。

**各类油脂的营养成分比较**

| 1茶匙(4g) | 热量(kcal) | 维生素E(mg) | 维生素K(μg) | Omega-3(mg) | Omega-6(mg) |
|---|---|---|---|---|---|
| 冷压橄榄油 | 40 | 0.6 | 2.7 | 34.2 | 439 |
| 亚麻籽油 | 40 | 0.6 | 0 | 1800 | 428 |
| 芝麻油 | 40 | 0.1 | 0.6 | 13.5 | 1859 |
| 大豆油 | 40 | 0.4 | 8.3 | 306 | 2269 |
| 鲑鱼油 | 40 | 0 | 0 | 1589 | 69.4 |

注：鱼油的 Omega-3 中含丰富 EPA、DHA

**水溶性维生素**

经常吃生鱼肉会造成维生素 $B_1$ 吸收不良，吃生蛋白会拮抗维生素 $B_7$ 生物素的作用，水煮余烫易流失食物中的水溶性维生素，故只要在日常生活中避免这些因素，就不至于缺乏维生素 B 群、维生素 C，而维生素 $B_6$ 的需求量其实跟给予蛋白质的多寡有关。

**酵母**

营养酵母是以蔬果培养的非活性酵母，口感有点像奶酪，很受狗狗喜爱。啤酒酵母是啤酒酿造过程中的酵母副产品，并不含酒精成分，所以狗狗也可以吃，不过带有苦味。它们富含必需氨基酸、维生素 B 群，还有锌、硒、铬等重要但日常食物中少见的矿物质，其天然膳食纤维也能帮助肠内有益菌生长。

特别提醒的是，因为钠含量比较高，添加时应注意。酵母粉除维生素 $B_{12}$ 外的维生素 B 群皆可补充，而维生素 $B_{12}$ 由一般鲜食中的动物性食材里就可以摄取到足够的量，不必太过担心。因此，当鲜食烹调过程中流失过多水溶性维生素 B 群时，可以借助于酵母粉。这在有机超市或网络商店上都可以找到。

# 其他补充品

## ● 碘

狗的建议最低点摄取量为每1000kcal提供 0.25mg 的碘，上限量为 2.75mg。

**海藻类
海藻粉**

海藻类食材有丰富的矿物质，包含钙、镁，还有日常食材中少见的碘元素，氨基酸（如牛磺酸、甲硫氨酸）也可提供一些脂肪酸、EPA、卵磷脂等。请特别注意，只要一点点的藻类就含有非常多的碘、钠、钾，很容易不小心就补充过量，若是购买商品化的海藻粉，必须小心依照成分标示调整给予量，至于该怎么调，应看餐点需要，不建议任意给予。

**含碘的
食盐**

现在食盐的选择很多，而市面上很多的商品并没有添加碘，请观察自家用盐的外包装上标示，是否含有"碘酸钾"或"碘化钾"。以中国台湾食盐含碘 12~15.4mg/kg 来看，1g 盐中含 0.012~0.015mg 的碘。可想而知，若真要靠含碘食盐来补充碘，会间接吃到非常多的钠，因此我大多还是使用狗用综合矿物质补充剂。

**狗用
综合维生素
矿物质补充剂**

主要是维生素 E 与维生素 B、维生素 C、维生素 D，与微量元素硒、铬、铁、碘，建议在专业兽医评估过原本餐点的营养含量后，再斟酌用量给予。尽量选购以天然食物萃取，有信誉机构认证的品牌。

**益生菌
益菌生**

益生菌（Probiotics）与益菌生（Prebiotics）乍听下好像在玩文字游戏，事实上这是两种不同的东西，却又息息相关。益生菌是肠内的有益菌，直接补充可以增加体内的有益菌量；益菌生则不是细菌，它的职责如同它的名字，意思是"有益细菌生长"的膳食纤维，负责营造合适的环境让有益菌生长。

市面上的肠胃道保健商品都含有这些成分，有的还会加入消化酶。在肠胃道状况不稳定、口服抗生素之后都可以另外补充，两者功能是相辅相成。

# 自制蛋壳钙粉

健康鸡蛋的蛋壳中，钙含量占 30%~40％，每克蛋壳粉含 300~400mg 钙，请根据本书食谱建议的钙质补充量作添加。

举例来说，若是本书食谱中建议加入 300mg 钙时，请以电子秤称 1g 的蛋壳粉加入食物中。

---

**蛋壳粉制作方法**

1. 将鸡蛋洗净。
2. 放入沸水中煮 10 分钟或在电锅内蒸至少 10 分钟。
3. 沥干蛋壳，放入烤箱内以 150℃烘烤 10 分钟。
4. 将所有蛋壳放入咖啡磨豆机磨成粉，如果没有磨豆机，请使用食物调理机、果汁机将蛋壳打碎后再用研钵研磨。
5. 仔细检查蛋壳必须毫无棱角（也可以过筛作彻底筛检，确保不能有碎角）。
6. 再次放入烤箱烘烤 5~10 分钟，确保所有水分完全蒸发。
7. 完成后，收集于密封罐中冷藏保存。

---

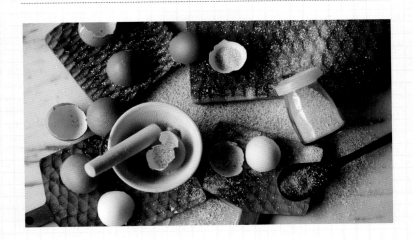

# 3-4 揭开鲜食的神秘传说

## 狗是肉食动物，所以只吃肉是最棒的吗

有些主人认为，狗属于肉食动物，所以只给狗吃鸡肉、猪肉、牛肉，而且认为这样对它们最好。事实上，如果你读过并记得第一章中"窥探原始犬族的一餐"，就会知道其实野生的犬科动物并不只吃猎物的肌肉组织，连同皮毛、内脏、骨头及肠胃道的内容物都吃进去，偶尔还会找一些落果、野莓吃，显然有些营养并非靠单纯吃"肉"就能满足。

长期喂食全肉的餐点，对狗造成的隐患是钙不足、磷太高、矿物质跟维生素不足、纤维量也不够。要知道，原始犬族的一餐是不经加热的整只猎物，加热过的现代家犬的自家鲜食营养已不如生食猎物那样完整。我有一只狗病患就是长期只吃鸡肉，大约半年后到门诊来求助，发现它贫血且瘦弱，肌肉无力。在调整饮食后约 1 个月就慢慢看得到改善效果。

## 长期只吃鱼或给狗吃生鱼片可以让它好健壮吗

当然，你可以给狗吃鱼，但最好还是煮熟吃，可避免寄生虫风险外。但有的人会长期用鲔鱼罐头让狗当饭吃（这通常发生在猫，不过狗也曾碰到），如果没有同时补充维生素 E，可能引起身体脂肪发炎（脂层炎）。又或者长期喂食狗吃某些生鱼如鲭鱼、鲱鱼这些含有维生素 B1 的分解酶（Thiaminase）的鱼种，且经常给狗吃冷冻的生鱼，大约半年便会导致维生素 B1 缺乏，出现抽搐、倒地、无力等症状，但是只要简单的一个加热动作，就能让其中的分解酶失去活性，让维生素 B1 可以顺利吸收。

## 肝脏、鱼肝油当成零食很健康吗

虽然肝脏是很好的蛋白质、铁、铜、维生素 D 与维生素 B 的营养来源，可是同时要记得，如同其他食材一样，不能过量，尤其是肝脏富含活化态的维生素 A，鱼肝油的维生素 A 含量更高，补充太多的话，大约 1 年就会累积出毒性。

我曾看过主人心疼狗狗做手术后失血，每天探病时都带好大一包猪肝喂给狗吃，一问之下才发现原来主人听说肝脏很营养，决心把猪肝当作狗

未来的日常点心。虽然狗的维生素 A 中毒剂量值较猫来得高，短时间内并不会出现问题，但长期当作日常点心吃，仍然令人担忧。

## 狗有乳糖不耐症吗

牛奶、奶酪、奶油、酸奶等乳制品都含有乳糖，几乎所有狗都喜欢乳品的香味，但身为哺乳类，离乳之后肠道内的乳糖分解酶会慢慢减少。其实，我们购买的牛奶、羊奶中乳糖的含量也都比狗奶、猫奶高，不只成犬、成猫喝太多会拉肚子，还在喝奶的狗宝宝、猫宝宝也没办法以牛奶当主食，一样会腹泻。

如果要给狗狗这些乳制品，记得稍微观察一下狗狗可以承受的量，因为一旦超过了身体能处理的范围，它们可是会腹泻的。另外，因为狗没办法承受太多的乳糖，所以要想靠乳制品补充钙质，帮忙平衡钙磷比是不可能的事。

## 生蛋白，偶尔吃可以吗

除了有卵白素会阻碍生物素的吸收以外，比较少被提到的是生蛋白还会抑制蛋白酶活性，事实上这造成的影响比卵白素更大。研究发现狗只要每天吃 2 个以上生蛋白，就会开始软便、拉肚子、体重减轻[注1、2]，煮熟鸡蛋可以让抑制效果消失。所以，可别以为偶尔吃吃就没有维生素 $B_7$ 缺乏的问题，因为偶尔吃 2 颗生蛋就会让狗狗消化不良了。

## 大蒜、洋葱、啤酒酵母可以驱虫吗

我明白大家想找天然方法除虫的心情，从古到今人们总是想尽办法要让讨人厌的昆虫远离家中毛小孩，但是给狗吃这些东西，除了得到一张"有味道的嘴巴"之外，对于昆虫一点影响也没有，葱蒜类还有造成狗狗红细胞破裂的风险。

## 狗吃太油会高血脂，会动脉粥状硬化而高血压吗

不会！狗跟人不一样，狗或猫都比人更能好好消化脂肪，血脂不会因此上升。若出现这类疾病，通常是其他原因造成（如患内分泌疾病，或某些特定品种，例如雪纳瑞较常见）。

注1. Bateman WG. The digestibility and utilization of egg whites [J]. J Biol Chem. 1916, 26:263 - 291.
注2. Mabee DA, Morgan AF. Evaluation of dog growth of egg yolk protein and six other partially purified proteins, some after heat treatment.[J] J Nutr. 1951, 43:261 - 279.

第四章

健康狗的家庭料理

Homemade Cuisine for Healthy Dogs

我所谓的健康狗狗，
是指小型犬 1 岁之后、中大型犬 1 岁半至 2 岁后，
身体无明显异常的狗，
以及到年岁渐长、
白毛苍苍的所谓"健康高龄犬"。

# 4-1　成犬与高龄犬都适用的家庭料理

　　我所谓的健康狗狗，是指小型犬 1 岁之后、中大型犬 1 岁半至 2 岁后，身体无明显异常的成年狗，以及年岁渐长、白毛苍苍的所谓"健康高龄犬"都适用。

　　这样的狗狗大多是神采奕奕、活力充沛、热爱尝试各种食物，而不会对特定食物有不良反应（如呕吐、软便、拉肚子、身体发痒、起疹子）。一般来说，在狗中高龄期前，建议到宠物医院进行一次全面的健康检查，检查内容包括：基本理学检查、完整的血液检查、尿液检查、传染病与寄生虫快筛、B 超与 X 光检查，甚至是血型检测。一来可以早期发现藏在狗狗开朗笑容背后，那些难以察觉的隐藏版恶魔，二来这份检查报告也能作为日后或年纪增长后定期检查的基准值。

　　毕竟，检验报告上注记的正常范围是一种统计的结果，自己的检验结果跟自己未来的检验结果比较，更能看出这些指数的走向。还有一个额外的好处是，通过这份检查我们能知道自己该为狗狗选择怎样的食物。你可以带着这份报告，找一位信任的兽医，一起讨论最适合家里毛小孩的饮食。经过医生评断，了解狗狗正处于什么样的生理状态，就能寻找最适合它的食谱。如果医生证实："你的狗狗很棒喔！只要正常吃喝就可以了！"那么就可以参考本章节接下来提供的食谱来准备食物，若检查结果发现身体有特殊状况，本书第五章亦有相应说明特殊状态的饮食准则。

## 请完全按照食谱制作餐点

　　请完全按照食谱内容给予的材料重量、营养补充品补充量来制作鲜食。

　　我在这本书中提供的食谱，只要是可以让狗狗当作正餐吃的（排除庆祝用、下午茶、奖励小点心、甜点、补水用汤饮），都经过电脑分析过所含营养，评估过干物质（DM）及代谢能量（ME）百分比，确保所有营养素符合美国国家研究院（NRC）2006年颁布的《狗营养指南》。因此，大家在利用这些食谱时，务必完全依照书上写的材料重量配制，营养补充品更不能省略，没有商量的余地。

我曾有位可爱的糖尿病、肾衰竭吉娃娃病人，主人按照我开的菜单吃了一个月以后回诊，验血时肾指数、血糖都控制良好，但却出现以往吃干饲料时不曾发现的结果——贫血。一问之下，主人才不好意思地承认，其实他没有时间准备相关的营养补充品，所以狗狗这一个月以来都没有补充足够的营养。事实上，煮熟的鲜食餐有其限制存在，长期吃鲜食者，比如人类，都会记得额外服用钙片、综合维生素片，我们怎么能觉得狗吃鲜食就不需要额外的营养补充品呢？

## 等比例调整食谱中的食材重量

**考虑到不同体型狗狗餐点的分量差异，请在料理前将所有食材和营养补充品的重量，乘以一个合适的倍数，并以铅笔将此倍数纪录在本书食谱图片角落的"适合我的狗的倍数"里，备料时便依此倍数将所有食材等比例调整。**

举例来说，A食谱提供的热量为210kcal，而家中狗狗需要的每日热量为840kcal，若是习惯一天吃2顿饭来满足每日需求，那么平均一餐需要420kcal，是A食谱提供热量的2倍，只要将"2"这个数字填入到"适合我的狗的狗每日所需热量倍数"里，未来准备时自行将A食谱中所有食材的重量、所有营养补充品的重量，全都乘以"2"这个倍数，就是自家狗狗一餐需要准备的食材量。

---

计算本书食谱"适合我的狗狗每日所需热量的倍数"

❶ 假设已知家中狗狗每日热量需求（DER）为840kcal

❷ 这一餐要参考A食谱，A食谱的餐点热量标示在营养分析中，假如每份A食谱提供热量为210kcal。

❸ 家里习惯一天给毛小孩吃2顿，也就是一餐必须含热量 840÷2 = 420kcal

❹ 420 除以 A食谱的热量（210kcal）=2，即为合适的起始倍数

---

## 特别的时刻，也能偶尔放松一下

在重要的日子里，像是狗狗的生日或任何值得庆祝的时刻，本书也特别设计了专属于狗狗的点心、蛋糕。但是，这就像减肥中的女人偶尔也想偷尝一口甜食，在每日都有摄取均衡营养的前提下，这些放肆的小甜点，就当是生活中的小小点缀吧！注意不能当正餐，也不建议给狗一次吃完，否则很容易吃进过多淀粉、糖分，而造成消化不良、拉肚子的后果，请务必自行斟酌。但只要能理智地给狗狗这些特别但是营养并不完善的食谱作为小小的放松，是偶尔可以被允许的。

## 最小分量、最多变化、最大效益

如果你稍微往后翻，会发现这些食谱所设计的分量其实很少，大约是一只2kg 吉娃娃或迷你玛尔济斯每天所需的热量而已，对于大型狗来说，塞牙缝都不够！这其实是我希望达成的一个小小目标，让大家尽量餐餐新鲜现做，不要一次准备太多，才能吃到新鲜又完整的营养，而且可以不断变换食谱，吃到各种食材，所以我设计的食谱分量都不多，让主人一次下厨只够招待狗吃一餐。

当然，如果碍于生活忙碌，每周只能下厨 1 次，那也只能麻烦辛苦的主人多一道工序，把狗狗这几天需要的总热量算出来，所有食材准备好、煮好之后再平均分配每天分量。

## 不熟悉的食物，一次一种当主角

举例来说，以牛肉为主的食谱中，就不要再加入不熟悉的海鲜类食材，为的是方便观察，因为通常这些食材是常见的过敏原，为了在这段时间中观察狗狗吃完后的反应，而不要误会其他食材，每次尝试不熟悉的食物时，都要把握这项原则，才能排除其他干扰因素，揪出元凶。另外，当这阵子已经常以这种肉为主食，请记得下一次就换其他肉品种类为主的食谱，才能保持饮食多样性，不至于发生特定氨基酸缺乏的状况。

## 随时调整食材大小

狗狗消化动物性食材的能力通常很好，所以蛋跟肉比较没有大小方面的困扰，可以大胆地切，不要让狗狗噎着就好。但如果你发现你的狗狗吃面条或吃某些蔬菜特别难消化（例如玉米粒、牛蒡、芹菜等），那就别犹豫、别担心美观问题，**食谱书的摆盘只为了拍照好看，但你的狗才不在乎呢！难消化才是个大问题**，因为这代表我们精心计算、准备的营养都没办法消化吸收，这时请尽量把难消化的食物全部都切得更碎，再不行，就在狗狗吃下肚前全部倒进食物料理机，狠狠打碎吧！

现在，就让我们开始动手制作鲜食吧！

---

### 鲜.食.准.备.6步骤

制作狗狗的食物并不困难，食材事先的准备工作不外乎洗、切，难消化的食材可以用料理机打碎，并不需要特别腌渍调味。

第一步　清洗：先洗再切。
第二步　裁切：适合烹饪的大小即可。
第三步　称重：依据食谱建议，衡量狗狗需要的热量，再调整重量、倍率。
第四步　着手烹调。
第五步　冷却后加入营养补充品。
第六步　再次调整食材大小：依据每只狗不同的消化状况，调整适当大小。

# 4-2
# 肉类料理

Meat Cuisine

# 西班牙烘蛋

○ 　　这是一道营养满分的家庭料理，也是我最常做给我的狗狗米蒂吃的晚餐，本菜单中的食材很容易取得，与鸡蛋搭配一起营养价值更佳，而且很容易制作，是快速准备狗狗晚餐的必胜武器。

○ 　　菠菜含铁、碘、膳食纤维与类胡萝卜素，且相较于一般食材，菠菜的钙质多于磷，但因菠菜的草酸含量高，吃多易影响铁、钙吸收，可先以大量热水快速氽烫后沥干，以避免摄入过多草酸。

图片仅供参考，建议将所有食材打碎食用

# 西班牙烘蛋 Recipe

## 材料 Ingredients
总重 ?g

| | |
|---|---|
| 猪里脊肉片 | 30g |
| 马铃薯 | 40g |
| 山药 | 50g |
| 菠菜 | 30g |
| 紫甘蓝 | 30g |
| 鸡蛋 | 2 颗 |
| 玉米粒 | 20g |
| 橄榄油 | 1 茶匙（4g） |
| 巴西里或香菜 | 少许 |

> 适合我的狗的倍数：_____

## 营养补充品 Supplements

| | |
|---|---|
| 钙 | 250mg |
| 锌 | 3mg |
| 营养酵母 | 半茶匙（2g） |

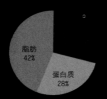

脂肪 42%
蛋白质 28%

※ 以代谢热量评估

## 做法 How to Cook

1. 所有食材切成适当大小，鸡蛋打散。
2. 马铃薯先用电锅蒸熟，将橄榄油倒入锅中快炒猪肉及其他食材至五分熟。
3. 转小火，倒入蛋液并平均分配所有食材成圆饼状，不时以锅铲帮鸡蛋塑形，底层熟透后再翻面盖上锅盖，烘 2~3 分钟即可起锅。食用时可再拌入欧芹或香菜、营养补充品。

## 营养分析 Nutrition Fact
热量 ?kcal    干物质重 ?kcal

| | |
|---|---|
| 蛋白质 | 33% |
| 脂肪 | 22% |
| 总碳水化合物 | 41% |
| 膳食纤维 | 5% |
| 钠 | 0.3% |
| 钙磷比 | 1.26 |
| 灰分 | 4% |
| 脂肪酸 Omega-6 ：Omega-3 = 22 ：1 | |

※ 以干物重评估

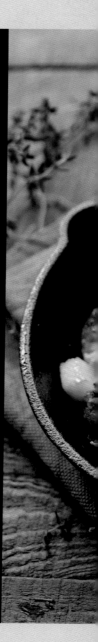

# 大人的西班牙烘蛋

### 食材

| | |
|---|---|
| 马铃薯 | 半颗 |
| 菠菜 | 1 小把 |
| 猪里脊肉片 | 3 片 |
| 橄榄油 | 2 茶匙（8g） |
| 鸡蛋 | 2 颗 |
| 洋葱 | 1/6 颗 |

※ 猪里脊肉片可用培根取代

### 调味料

黑胡椒、盐巴、欧芹或香菜适量

### 做法 How to Cook

做法相同，加入调味料之后即可
食用。

# 鸡肉亲子盖饭

通过快炒逼出天然鸡油，香味四溢的鸡肉亲子盖饭能轻易挑逗狗狗的嗅觉神经，让它们臣服在主人的温柔乡里。

运用鸡肉的维生素 B、维生素 E，搭配紫菜、青椒、四季豆，补足矿物质、维生素 C 与膳食纤维，简简单单就能提供狗狗优质的营养。

准备这道餐时，我会顺便到阳台摘些罗勒，剥几瓣蒜头，用以调味，变化成人吃的三杯鸡，和狗狗一起晚餐。

图片仅供参考，建议将所有食材打碎食用

# 鸡肉亲子盖饭 Recipe

## 材料 Ingredients
总重 245g

| | |
|---|---|
| 带皮鸡腿肉 | 70g |
| 鸡蛋 | 1颗 |

食材 A

| | |
|---|---|
| ｜四季豆 | 30g |
| ｜青椒 | 30g |
| ｜紫菜 | 0.5g |

| | |
|---|---|
| 大豆油 | 1茶匙（4g） |
| 白饭 | 60g |

---

适合我的狗的倍数：_____

## 营养补充品 Supplements

| | |
|---|---|
| 钙 | 300mg |
| 锌 | 4mg |

※ 本菜单中含足量维生素，只需再额外补充钙与锌即可。

## 做法 How to Cook

1. 食材 A 切碎备用，鸡蛋打成均匀蛋液。
2. 倒油，鸡肉入锅慢煎出油后加入食材 A，半熟后以绕圈方式加入蛋液一起炒至全熟。
3. 将白饭盛入碗内，铺上所有完成之食材，降温后撒上营养补充品即可。

## 营养分析 Nutrition Fact
热量 335kcal 热量密度 1.37kcal/g

| | |
|---|---|
| 蛋白质 | 33% |
| 脂肪 | 20% |
| 总碳水化合物 | 44% |
| 膳食纤维 | 4% |
| 钠 | 0.3% |
| 钙磷比 | 1.43 |
| 灰分 | 3% |
| 脂肪酸 Omega-6 ： Omega-3 = 13 ： 1 | |

※ 以乾物重评估

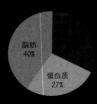

脂肪 40%
蛋白质 27%

※ 以代谢热量评估

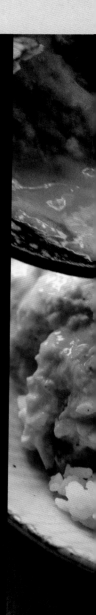

# 大人的三杯鸡

### 食材

| | |
|---|---|
| 带皮鸡腿肉 | 适量 |
| 杏鲍菇切片 | 两三株 |

### 另外准备

| | |
|---|---|
| 罗勒 | 一大把 |
| 蒜头 | 8~12 颗 |
| 辣椒 | 适量 |
| 老姜片 | 适量 |

※ 蒜头可依个人口味调整

### 调味料

| | |
|---|---|
| 酱油 | 3 大匙 |
| 米酒 | 3 大匙 |
| 麻油 | 1 大匙 |
| 冰糖 | 1 大匙 |

### 做法 How to Cook

1. 鸡腿肉下锅以中火干煎至表皮金黄酥脆,夹起备用。

2. 倒入适量麻油热锅后爆香姜片、蒜头,再加入杏鲍菇与冰糖、鸡肉拌炒一下。

3. 将米酒、酱油、切好的辣椒加入并搅拌均匀后转中火,盖上锅盖闷至鸡肉熟透。

4. 起锅前将罗勒加入,稍微拌一下即完成。

**4-2**
肉类
料理

# 番茄猪肉蛋饺

○　　这是甘蓝与猪肉的经典绝配，如果担心水饺皮对狗来说淀粉量太高或不好消化，自制蛋饺就是很棒的选择。

○　　本餐膳食纤维较低，便秘体质的狗须注意。

图片仅供参考，建议将所有食材打碎食用

## 番茄猪肉蛋饺 Recipe

### 材料 Ingredients
总重 220g

| | |
|---|---|
| 鸡蛋 | 2 颗 |
| 猪小里脊绞肉 | 40g |
| 甘蓝 | 35g |
| 番茄 | 20g |
| 地瓜 | 20g |
| 地瓜粉 | 10g |
| 大豆油 | 1 茶匙（4g） |
| 含碘低钠盐 | 0.5g |

**重要工具：圆形汤勺**

适合我的狗的倍数：_____

### 营养补充品 Supplements

| | |
|---|---|
| 钙 | 300mg |
| 锌 | 5mg |
| 营养酵母 | 0.5 茶匙（2g） |

※ 每 3 份本餐须补充碘 0.5 mg

---

甜蜜共食 Eat With Furry Friends

## 大人的
## 番茄猪肉蛋饺

材料与做法与前相同，只要
加入市售番茄酱即可食用，
尝尝看！

---

### 做法 How to Cook

1. 猪绞肉炒熟后加入甘蓝、地瓜一同拌炒至熟透，生鸡蛋打散混合地瓜粉备用。

2. 大汤勺上沾覆适量大豆油，于炉火上加热后，徐徐倒入蛋液，一面缓慢晃动汤勺，使蛋液均匀且薄。

3. 待蛋皮稍微成形后，立即将馅料舀至蛋皮上，并将蛋皮对合住。

4. 番茄以果汁机打成番茄酱，混合营养补充品与盐后淋在蛋饺上即可食用。

### 营养分析 Nutrition Fact
热量 328kcal　热量密度 1.49kcal/g

| | |
|---|---|
| 蛋白质 | 30% |
| 脂肪 | 20% |
| 总碳水化合物 | 45% |
| 膳食纤维 | 2% |
| 钠 | 0.3% |
| 钙磷比 | 1.47 |
| 灰分 | 5% |
| 脂肪酸 Omega-6：Omega-3 ＝ 8.6：1 | |

※ 以干物重评估

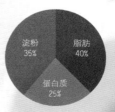

淀粉 35%
脂肪 40%
蛋白质 25%

※ 以代谢热量评估

# 月见牛肉乌冬面

- 使用乌冬面来增添狗狗餐桌上的饮食变化，但又担心面条的淀粉对狗狗而言较难消化，可加入蕴含淀粉酶的山药以帮助消化，同时还能摄取山药中的维生素 $B_1$、维生素 $B_2$、维生素 C、维生素 K 与钾。

- 烹煮山药的时间不要过久，才能避免淀粉酶遭破坏而失去帮助，但山药同时有收敛作用，若是便秘体质的狗狗，就不建议常吃山药。

图片仅供参考，建议将所有食材打碎食用

## 月见牛肉乌冬面 Recipe

### 材料 Ingredients
总重 235g

| | |
|---|---|
| 牛梅花肉片 | 40g |
| 山药 | 40g |
| 生蛋黄 | 1 颗 |
| 海带 | 30g |
| 上海青 | 40g |
| 黑芝麻 | 5g |
| 乌冬面 | 60g |

适合我的狗的倍数：

### 营养补充品 Supplements

| | |
|---|---|
| 钙 | 150mg |
| 营养酵母 | 0.5 茶匙（2g） |
| 锌 | 2mg |

※ 每 4 份本餐须补充维生素 D 60 IU

### 做法 How to Cook

1. 乌冬面煮 3~5 分钟后捞起，浸于冷水中备用。
2. 牛肉片、山药、海带、上海青放入滚水中汆烫后沥干，山药磨成泥，其余食材切成适当大小。
3. 将步骤 2 中食材铺于乌冬面上，生蛋黄置于中央，最后洒上芝麻与营养补充品即可。

### 营养分析 Nutrition Fact
热量 261kcal    热量密度 1.11kcal/g

| | |
|---|---|
| 蛋白质 | 30% |
| 脂肪 | 19% |
| 总碳水化合物 | 47% |
| 膳食纤维 | 5% |
| 钠 | 0.5% |
| 钙磷比 | 1.30 |
| 灰分 | 4% |
| 脂肪酸 Omega-6：Omega-3 = 13：1 | |

※ 以干物重评估

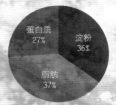

蛋白质 27%
淀粉 36%
脂肪 37%

※ 以代谢热量评估

---

甜蜜共食 Eat With Furry Friends

## 大人的
## 月见牛肉乌冬面

食材与做法与前方相同，加入适量葱花、适量盐与少许酱油即可食用。

# 4-3
## 海鲜料理
Seafood Cuisine

# 鲑鱼蛋炒饭

西兰花搭配鲑鱼，可以补足鲑鱼肉所不足的维生素C，同时又能吃到鲑鱼丰富的Omega-3脂肪酸与维生素D，再加上富含钙质的豆腐，更能活化脑细胞及强化骨骼。彩椒蕴藏的花青素被鱼油溶解出来，更容易消化吸收，除了可作为狗狗的家常菜，也能帮助增强抵抗力。若买不到无刺鲑鱼肉，可以将整片轮切鲑鱼煎熟后再小心剔除鱼刺后提供给狗狗。

## 鲑鱼蛋炒饭 Recipe

### 材料 Ingredients
总重 225g

| | |
|---|---|
| 无刺去皮鲑鱼肉 | 30g |
| 鸡蛋 | 1 颗 |
| 西兰花 | 30g |
| 彩椒 | 20g |
| 嫩豆腐 | 40g |
| 白饭 | 60g |
| 葵花油 | 1 茶匙（4g） |
| 含碘低钠盐 | 0.5g |

适合我的狗的倍数：

### 营养补充品 Supplements

| | |
|---|---|
| 钙 | 250mg |
| 锌 | 5mg |

※ 每 3 份本餐须补充碘 0.5mg

### 做法 How to Cook

1. 鲑鱼肉入锅煎熟后备用，蔬菜切碎备用。

2. 打蛋，补 1 匙葵花油于锅中并热锅，蛋液倒入锅内以锅铲搅散炒至半熟。

3. 迅速加入白饭、蔬菜、鲑鱼、豆腐、含碘低钠盐翻炒拌匀后，即可起锅。

### 营养分析 Nutrition Fact
热量 282kcal　　热量密度 1.26kcal/g

| | |
|---|---|
| 蛋白质 | 27% |
| 脂肪 | 21% |
| 总碳水化合物 | 49% |
| 纤维 | 3% |
| 钠 | 0.3% |
| 钙磷比 | 1.35 |
| 灰分 | 3% |
| 脂肪酸 Omega-6：Omega-3 ＝ 5：1 | |

※ 以干物重评估

甜蜜共食 Eat With Furry Friends

## 大人的
## 鲑鱼蛋炒饭

材料与做法与前方相同，加入适量切丁洋葱、适量葱末、黑胡椒粒、盐巴等少许调味料即可食用。

※ 以代谢热量评估

# 鲔鱼沙拉三明治

一般市售白吐司中有高含量的钠，狗吃薄薄一片吐司很容易就超过建议的钠摄取量，尤其是心血管疾病高风险族群的小型犬，如玛尔济斯、博美犬，就不建议经常食用。若要替狗准备三明治，建议选择全麦吐司，平均含钠量较白吐司低，而且要搭配上满满的三明治馅料，就能降低整体的钠含量。

图片仅供参考，建议将所有食材打碎食用

## 鲔鱼沙拉三明治 Recipe

### 材料 Ingredients
总重 225g

| | |
|---|---|
| 鲔鱼 | 45g |
| 鸡蛋 | 1 颗 |
| 苹果 | 45g |
| 芦笋 | 30g |
| 芭乐 | 10g |
| 全麦吐司 | 40g |
| 低脂茅屋奶酪 | 2 茶匙（8g） |
| 橄榄油 | 1 茶匙（4g） |

---

适合我的狗的倍数：

### 营养补充品 Supplements

| | |
|---|---|
| 钙 | 250mg |
| 锌 | 5mg |
| 维生素 E | 5mg |

※ 每 3 份本餐须补充碘 0.5mg

---

甜蜜共食 Eat With Furry Friends

# 大人的
# 鲔鱼沙拉三明治

材料与做法与前方相同，加入切丁洋葱、适量美乃滋，与少许盐、糖，即可食用。

---

### 做法 How to Cook

1. 鲔鱼、整颗鸡蛋、芦笋洗净后以电锅蒸熟，剔除鱼刺。
2. 将茅屋起司与橄榄油快速搅拌均匀做成沙拉酱。
3. 所有食材打碎，与营养补充品、茅屋奶酪酱混合搅拌均匀后，涂抹在吐司上即可。

### 营养分析 Nutrition Fact
热量 292kcal　　热量密度 1.30kcal/g

| | |
|---|---|
| 蛋白质 | 33% |
| 脂肪 | 18% |
| 总碳水化合物 | 46% |
| 膳食纤维 | 5% |
| 钠 | 0.4% |
| 钙磷比 | 1.15 |
| 灰分 | 3% |

脂肪酸 Omega-6：Omega-3 = 4：1

※ 以干物重评估

蛋白质 29%　淀粉 36%　脂肪 35%

※ 以代谢热量评估

## 蛤蜊杂菜炊饭 Recipe

### 材料 Ingredients
总重 162g

| | |
|---|---|
| 未煮白米 | 30g |
| 蛤蜊肉 | 30g |

**食材 A**

| | |
|---|---|
| ｜无刺鳕鱼肉 | 50g |
| ｜牛蒡 | 10g |
| ｜胡萝卜 | 20g |
| 豆芽菜 | 15g |
| 黑芝麻 | 3g |
| 麻油 | 1 茶匙（2g） |

> 适合我的狗的倍数：

### 营养补充品 Supplements

| | |
|---|---|
| 钙 | 150mg |
| 锌 | 4mg |

※ 本菜单中含足量维生素，只需再额外补充钙与锌即可

---

甜蜜共食 Eat With Furry Friends

### 大人的 蛤蜊杂菜炊饭

材料与做法与前方相同，加入葱花、食盐与酱油适量调味，即可食用。

### 做法 How to Cook

1. 将蛤蜊放入滚水煮至开壳后捞起，取下蛤蜊肉，蛤蜊汤留置放凉备用。
2. 将洗净的白米与相同体积的蛤蜊汤（米与蛤蜊汤为1：1）、蛤蜊肉、食材A放入电锅内蒸熟。
3. 豆芽菜放入 50℃热水中静置1分钟，捞起摆在蒸好的炊饭上。
4. 降温后洒上麻油、黑芝麻与营养补充品。

### 营养分析 Nutrition Fact
热量 252kcal　　热量密度 1.58kcal/g

| | |
|---|---|
| 蛋白质 | 23% |
| 脂肪 | 18% |
| 总碳水化合物 | 55% |
| 膳食纤维 | 3% |
| 钠 | 0.3% |
| 钙磷比 | 1.25 |
| 灰分 | 4% |
| 脂肪酸 Omega-6：Omega-3 = 8：1 | |

※ 注意！本餐中钠含量较高，有相关疾病犬只请避开
※ 以干物重评估

蛋白质 20%
淀粉 43%
脂肪 37%

※ 以代谢热量评估

# 蛤蜊杂菜炊饭

蛤蜊富含铁质、铜、维生素 $B_{12}$、维生素 E，豆芽菜含维生素 C、钙、磷，能增强抵抗力，与蛤蜊搭配食用，可提升蛤蜊提供的铁质的吸收效率，达到改善贫血的效果。

另外，蛤蜊中的牛磺酸加上胡萝卜、豆芽菜中的类胡萝卜素，能保护眼睛、活络心肌细胞。要注意市售的豆芽菜可能有掺入漂白粉处理的问题，买回家后建议先在冷水中浸泡一段时间，将可能残留的药剂溶解稀释。

图片仅供参考，建议将所有食材打碎食用

# 4-4
# 营养点心

Sweets

这边提供的营养点心食谱，是为了补充特定的营养所设计，也就是说这份点心含有独特的营养素，但除此之外，这并不是均衡的食谱，是用来作为日常小点，并针对平常食物中不常出现的营养素作补充，并不能当成正餐吃喔！

# 自制茅屋奶酪

茅屋奶酪虽然含钙，但其中的磷离子含量还是很高，没有办法平衡日常餐点中的钙磷比。若作为一道健康狗狗的日常小点心，还是很不错的选择。茅屋起司保存时间短，需尽快吃完，要吃的时候可以撒上亚麻仁籽粉、莓果或拌入酸奶都很适合。

材料 Ingredients
总重 515c.c.

| | |
|---|---|
| 鲜奶 | 500ml |
| 新鲜柠檬汁 | 3 大匙，约 15ml |

**工具：滤布**

做法 How to Cook

1. 牛奶隔水加热至 50℃（摸起来热，但未沸腾的程度）。
2. 熄火倒入柠檬汁，缓慢搅拌均匀后静置 30 分钟。
3. 将凝结的奶酪以滤布过滤，把水状的乳清尽量挤干。

营养分析 Nutrition Fact
热量 72kcal /100g

| | |
|---|---|
| 蛋白质 | 12.4g |
| 脂肪 | 1g |
| 总碳水化合物 | 2.7g |
| 膳食纤维 | 0 |
| 钠 | 406mg |
| 钙 | 61mg |
| 磷 | 134mg |

※ 只能酌量当作健康小点心给狗吃，不含均衡营养

图片仅供参考，建议将所有食材打研食用

# 蓝莓猕猴桃酸奶

酸酸甜甜的自制酸奶不是只有女孩子爱吃，家里的狗狗也会为之疯狂！然而，酸奶不只是好吃，加入水果就能补充维生素、膳食纤维和乳酸菌，既营养又能调节肠胃功能，这些有益菌更能抑制有害菌生长，帮助肠道中废物排出体外，虽然只是一道日常小点，却能不知不觉改善诸多消化道的问题。

## 材料 Ingredients
总重 600ml

| | |
|---|---|
| 原味鲜奶 | 400ml |
| 原味无糖酸奶 | 200ml |
| 新鲜水果 | 适量 |

※ 小秘诀：加入香草籽或奇亚籽，风味更棒

※ 只能酌量当作健康小点心给狗吃，不含均衡营养

## 做法 How to Cook

1. 酸奶与鲜奶回温后轻轻搅拌混合均匀。
2. 干电锅按下保温预热后，将步骤 1 的材料加盖，置于温热电锅内 6~8 小时，即完成自制酸奶。
3. 将水果们以果汁机打碎，食用时拌入酸奶中即可。

图片仅供参考，建议将所有食材打碎食用

# 4-5

## 汤饮

Soup

当狗狗不喝水或生病期间不方便大肆吃东西时，就用精心熬的汤诱惑他它吧！以下四道汤品食谱，目的是以香气刺激狗狗多多喝水、维持身体的水和离子平衡，顺便吸收一些营养。虽然如此，这些汤不能满足狗狗每日所需的完整营养，最终还是要让狗狗恢复正常饮食！

4-5

汤饮

## 汤饮食谱 Recipe

### 海带香菇鸡汤

材料 Ingredients

| | |
|---|---|
| 带骨鸡腿 | 约 150g |
| 海带 1 片，约 4cmx4cm | |
| 马铃薯 | 50g |
| 苹果 | 10g |
| 干香菇 | 4~5 朵 |

### 山药羊肉汤

材料 Ingredients

| | |
|---|---|
| 羊肋骨 | 200g |
| 山药 | 70g |
| 牛蒡 | 70g |
| 枸杞 | 少许 |

### 萝卜排骨汤

材料 Ingredients

| | |
|---|---|
| 排骨 | 200g |
| 白萝卜 | 半条 |
| 胡萝卜 | 半条 |
| 姜片 | 适量 |

做法 How to Cook

1 用一锅沸水汆烫骨肉后捞起备用。
2 所有食材洗净切块后，置于电锅内，加水盖过食材后慢煲。
3 煲好后再闷 10 分钟即可。

### 牛尾根罗宋汤

材料 Ingredients

| | |
|---|---|
| 牛尾根 | 200g |
| 甜菜根 | 50g |
| 番茄 | 半颗 |
| 芹菜叶 | 少许 |
| 欧芹 | 少许 |
| 清水 | 1 碗 |

做法 How to Cook

1. 牛尾根肉在平底锅上干煎至外层金黄。
2. 甜菜根去皮切块，番茄以果汁机打成糊，煎完牛尾根肉的平底锅再倒些橄榄油，将甜菜根与番茄炒软后加入清水。
3. 加入牛尾根肉后焖煮 30 分钟，起锅后撒上切碎的芹菜叶、欧芹。

※ 只能酌量诱惑狗狗多喝水不含均衡营养

# 4-6
## 特别的日子给特别的你的
## 节日料理

Holiday Cuisine

我家狗狗生日 ＿＿＿＿＿ 年＿＿＿＿＿ 月 ＿＿＿＿＿ 日

在这最重要的大日子，又长大 1 岁了，

今天要准备什么生日大餐给毛小孩呢？

## 4 / 4 儿童节（台湾猫节）

属于毛小孩的日子，请用力告诉它你有多爱它。

## 9 / 9 台湾狗狗节

1999 年中国台湾地区动物保护法开始施行，希望人们都能好好关心身旁的动物。

## 12 / 25 圣诞节

除了生日，圣诞节也是能跟狗狗一起期待的节日。无论是圣诞晚餐或是圣诞礼物，其实你准备什么它都会喜欢。

## 4 / 25 不要踩到狗屎日

在美国真的有这么一个节日，提醒主人要养成随手清理狗便便的好习惯。

## 9 / 28 世界狂犬病日

一起努力杜绝狂犬病，记得施打年度疫苗喔！

## 12 / 31～1 / 1 与狗狗共度的跨年夜

多么感谢，这一年有他陪伴你过每一天！新的一年也要继续黏在一起。

4-6
特别的日子
给特别的你
的节日料理

# 奶酪牛肉汉堡排

○     香喷喷的汉堡排，最适合用来和狗狗一起庆祝特别的日子了。使用低脂奶酪来增添乳香，但需注意奶酪含有较一般食物更高的钠，稍微加入一点点就好。另外，还加入了山药，能让整份餐点更好消化。

○     这道汉堡排料理属于脂肪、蛋白质含量高的餐点，若有胰脏炎、肝胆疾病或肾脏疾病的狗狗，不能一次吃太多。

图片仅供供参考，建议将所有食材打碎食用

# 奶酪牛肉汉堡排 Recipe

## 材料 Ingredients

| | |
|---|---|
| 牛后腿绞肉 | 40g |
| 山药 | 20g |
| 低脂奶酪 | 5g |
| 面包粉 | 10g |
| 大豆油 | 1 茶匙（4g） |
| 番茄 | 20g |

适合我的狗的倍数：_____

## 营养补充品 Supplements

| | |
|---|---|
| 钙 | 150mg |
| 营养酵母 | 半茶匙（2g） |

※ 本餐为节日用途，如要长期使用须加入狗用
综合营养补充品（含维生素 A、维生素 D、
维生素 B12、锌、碘），依商品标签上建议
量加至每天餐点中。

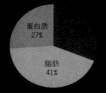

蛋白质 27%
脂肪 41%

※ 以代谢热量评估

## 做法 How to Cook

1. 山药以料理机打碎，与面包粉混入牛绞肉。
2. 所有食材连同牛绞肉放进塑料袋，随意搓揉，直到食材分布均匀后尽情往桌上拍打。
3. 大豆油倒入锅中烧热，将肉团放入后用锅铲稍微压平，中间稍微压凹一个圆，双面煎熟。
4. 番茄以果汁机打成泥状，加入营养补充品淋在汉堡排上即可上桌。

## 营养分析 Nutrition Fact

| | |
|---|---|
| 蛋白质 | 33% |
| 脂肪 | 22% |
| 总碳水化合物 | 41% |
| 膳食纤维 | 2% |
| 钠 | 0.4% |
| 钙磷比 | 1.33 |
| 灰分 | 4% |
| 脂肪酸 Omega-6：Omega-3 = 7：1 | |

※ 以干物重评估

# 大人的
# 奶酪牛肉汉堡排

食材

食材 A

| 牛后腿绞肉 ························· 80g
| 面包粉 ·································· 1 匙
| 洋葱 ································· 1 / 4 颗
| 蒜 ······································· 1 瓣
| 盐巴、胡椒粉 ················· 少许

奶酪片 ································· 适量
半熟煎蛋 ···························· 1 颗

做法 How to Cook

1. 食材 A 全部打碎混合，放入塑料袋中揉捏拍打。
2. 肉团压成适当形状后中央塞入奶酪片，小心包紧。
3. 放入油锅中压出如红细胞般的双凹圆盘形状，煎至双面熟透，与半熟煎蛋一起上桌。

# 迷迭香羊肩排

这是狗狗一年一度的大日子！看着主人亲手下厨准备丰盛晚餐，对狗狗来说就是最棒的生日礼物。这道简简单单就很迷人的香煎羊肩排，狗狗跟主人都可以吃得满足，让我们用均衡的营养祝福毛小孩又长大一岁！

狗狗也能吃的香草植物
1. 薄荷
2. 迷迭香
3. 罗勒
4. 奥勒冈
5. 欧芹

图片仅供参考，建议将所有食材打碎食用

## 迷迭香羊肩排 Recipe

### 材料 Ingredients

| | |
|---|---|
| 羊肩排 | 70g |
| 甜椒 | 40g |
| 芦笋 | 20g |
| 小马铃薯 | 30g |
| 白饭 | 30g |
| 柠檬汁 | 5cc |
| 迷迭香 | 少许 |
| 无盐动物性奶油 | 15g |
| 含碘低钠盐 | 0.5g |

适合我的狗的倍数：_____

### 营养补充品 Supplements

| | |
|---|---|
| 钙 | 210mg |
| 维生素 E | 7mg |

※ 本餐为节日用途，如要长期使用须加入狗用综合营养补充品：
含维生素 A、维生素 D、维生素 B12、锌、碘，依商品标签上建议量加至每天餐点中。

---

甜蜜共食 Eat With Furry Friends

## 大人的
## 迷迭香羊肩排

做法与前方相同，均匀拌入黑胡椒、适量盐巴即可食用。

---

### 做法 How to Cook

1. 所有蔬菜切碎备用，迷迭香切碎。
2. 羊肩排双面涂抹奶油后，放入锅内煎至双面金黄。
3. 加入切丁蔬菜，盖上锅盖转小火煎 3~5 分钟，然后翻面再次煎 3~5 分钟。
4. 起锅后淋上柠檬汁、撒上迷迭香与盐，摆好白饭、马铃薯、蔬菜，待冷却添加营养补充品即可。

### 营养分析 Nutrition Fact

| | |
|---|---|
| 蛋白质 | 33% |
| 脂肪 | 22% |
| 总碳水化合物 | 41% |
| 膳食纤维 | 4% |
| 钠 | 0.3% |
| 钙磷比 | 1.4 |
| 灰分 | 4% |
| 脂肪酸 Omega-6：Omega-3 = 4：1 | |

※ 以干物重评估

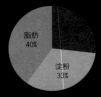

脂肪 40%
淀粉 33%

※ 以代谢热量评估

**4-6**
特别的日子
给特别的你
的节日料理

# 香蕉杯子蛋糕

过生日一定要吃蛋糕、吹蜡烛才算长大1岁，那么就让它们小小放纵一下吧！虽然蛋糕的碳水化合物高，但只要别当正餐吃到饱、不要一次吃太多就好，偶尔开心过个生日最重要！

图片仅供参考，建议将所有食材打碎食用

## 香蕉杯子蛋糕 Recipe

### 材料 Ingredients

| | |
|---|---|
| 熟透香蕉 | 半根 |
| 低脂奶酪 | 30g |
| 低筋面粉 | 80g |
| 鸡蛋 | 4 颗 |
| 无盐动物性奶油 | 35g |

※ 低筋面粉先过筛

### 营养补充品 Supplements

| | |
|---|---|
| 钙 | 250mg |
| 锌 | 5mg |
| 营养酵母粉 | 1 茶匙（4g） |

※ 本餐为节日用途，并非均衡营养餐点，请酌量喂食

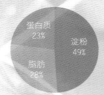

蛋白质 23%
淀粉 49%
脂肪 28%

※ 以代谢热量评估

### 做法 How to Cook

1. 将鸡蛋打成硬性发泡（轻沾蛋液拉起可维持不滴落）。

2. 奶油放入食物料理机中打散，依序加入奶酪、蛋液、过筛后的低筋面粉、切片香蕉与营养补充品，每加入一样分别用食物料理机高速打散10~20秒。

3. 搅拌完成后将面糊倒进烤模内装约8分满，放进预热180℃的烤箱内烤25分钟。

4. 取出后可用适量水果妆点。

### 营养分析 Nutrition Fact

热量 570kcal　　　热量密度 1.68kcal/g

| | |
|---|---|
| 蛋白质 | 24% |
| 脂肪 | 14% |
| 总碳水化合物 | 59% |
| 膳食纤维 | 3% |
| 钠 | 0.3% |
| 钙磷比 | 1.2 |
| 灰分 | 3% |
| 脂肪酸 Omega-6：Omega-3 = 16：1 | |

※ 以干物重评估

-6
别的日子
特别的你
节日料理

## 迷迭香菲力牛排 Recipe

**材料 Ingredients**
总重 205g

菲力牛排 ································· 70g

食材 A
| 小马铃薯 ······························ 30g
| 花椰菜 ································· 40g
| 胡萝卜 ································· 20g
| 迷迭香 ································· 少许

橄榄油 ··························· 1 茶匙（4g）
熟白饭 ································· 40g
含碘低钠盐　1mg

**营养补充品 Supplements**

钙 ···································· 300mg
磷 ···································· 100mg
锌 ····································· 3mg

※ 如要长期使用，可加入含维生素 D、维生素 E、维生素 B₁₂、碘依狗用综合营养品商品标签上建议量加至每天餐点中。

甜蜜共食 Eat With Furry Friends

# 大人的
# 迷迭香菲力牛排

做法与前方相同，均匀撒上黑胡椒、适量盐巴即可食用。

**做法 How to Cook**

1. 将食材 A 依狗狗消化道的接受度，切成适当大小备用。

2. 牛排淋裹上橄榄油，用大火烧热的铁锅煎至双面金黄，倒入食材 A 一起煎熟。

3. 盛盘撒盐，加入白饭并添加营养补充品即可。

**营养分析 Nutrition Fact**
热量 260kcal　　热量密度 1.30kcal/g

蛋白质 ································· 31%
脂肪 ·································· 21%
总碳水化合物 ··························· 43%
膳食纤维 ································ 4%
钠 ·································· 0.4%
钙磷比 ································· 1.2
灰分 ··································· 5%
脂肪酸 Omega-6 ： Omega-3 = 5 ： 1

※ 以干物重评估

※ 以代谢热量评估

# 迷迭香菲力牛排

这是一道美味与营养兼得，既是豪华大餐也是营养均衡的晚餐。既然美食当前，狗狗减肥的事情，就之后再说吧！

图片仅供参考，建议将所有食材打碎食用

# 牛奶布丁

庆祝节日怎么能少了甜点？亲手制作这道狗狗专属的牛奶布丁，作为派对最后上场的甜点，顺便补充钙质，也补满维生素！

图片仅供参考，建议将所有食材烹煮食用

## 牛奶布丁 Recipe

### 材料 Ingredients

新鲜鸡蛋 ················· 3 颗
低脂鲜奶 ················· 400ml

果酱材料
| 覆盆莓 ················· 40g
| 桑椹 ··················· 40g

### 营养补充品 Supplements

钙 ······················ 200mg
锌 ······················ 1mg
维生素 E ················· 15mg

※ 只能酌量当作节庆甜点给狗吃，不含均衡
营养

※ 以代谢热量评估

### 做法 How to Cook

1. 鸡蛋打散，以滤网过滤 2 次后备用。新鲜覆盆莓与桑椹洗净后，分别以果汁机打成果浆。

2. 将牛奶与蛋液倒进容器内混合均匀，放入电锅，锅盖掀开一道缝隙，蒸 15 分钟后关闭电源，于锅内静置 10 分钟。

3. 冷却后取果酱抹刀在容器内缘轻轻划过，慢慢将布丁倒出。

4. 果浆中加入营养补充品，一起淋在布丁上即完成。

### 营养分析 Nutrition Fact

热量 340kcal    热量密度 0.59kcal/g

蛋白质 ·················· 36%
脂肪 ···················· 20%
总碳水化合物 ············· 38%
膳食纤维 ················· 2%
钠 ······················ 0.3%
钙磷比 ·················· 1.28

※ 以干物重评估

# 第五章

## 特殊状态的营养照料

Special Health Care for Dogs

阅读这本书至此，

我想你已是最了解自己狗狗的人，

可以正式成为狗狗日常照护团队的首席执行官。


但从这个章节开始，

你需要让狗狗的主治兽医加入你的团队。


因为疾病饮食无法一概而论，

每只动物的状况不同，

让你的兽医彻底明白狗狗的健康状态，

在团队中担任医疗专家，提供专业的照料建议。


根据专业知识，为狗狗量身打造的食谱，

将会成为那些因为生病而做的种种改变里，

让狗狗感到最快乐的那一点点不同。

# 5-1 狗宝宝与狗妈妈的饮食指南

它还记得第一次接生小狗时那种激动的感觉，整夜跟着狗妈妈一起努力，看着它分娩出一只只湿湿皱皱的小狗仔，我接过来称量体重、标上记号、清理秽物，仿佛是自己当妈妈一样兴奋颤抖着。

那些出生时特别瘦小的狗宝宝必须特别小心照顾，它们因为营养不足，抵抗力比较差。营养供应方面，狗妈妈能亲自照顾宝宝是最好的，狗宝宝如果能吸收到狗妈妈的初乳（24~48 小时内产生的乳汁，含有很多抗体），抵抗力会比较强，但如果你有机会接手照顾狗宝宝，请花些时间学习如何当这个小宝宝的好妈妈。出生后没有喝到初乳的狗宝宝，因为没有来自初乳的抗体保护，照顾起来要特别保证环境的干净与卫生，也要与兽医讨论合适的疫苗施打计划。

## 母乳期（出生至 1 月龄）

在狗宝宝还没长牙的前四周，你可以为它选择合适的代用奶来供应营养，直到狗宝宝的消化器官成熟到能够开始尝试半固态食物为止。好的代用奶成分必须要接近原本狗妈妈会提供给它的营养，当我们把狗、猫、牛、羊的乳汁营养成分进行研究，会发现牛羊的乳汁中乳糖含量高于狗猫，而狗猫乳汁中的蛋白质、脂肪量比较高，提供的单位热量也较牛羊来得高。

如果使用牛奶或羊奶来当作小狗的正餐，喝一样的奶量，其实吸收到的热量比较低、蛋白质比较少，慢慢地会越来越瘦弱，营养不良。而牛羊乳汁的乳糖量较高，也可能会造成狗宝宝的肠胃无法吸收，结果发生腹泻的状况。

**动物奶营养成分分析**

| 物种 | 蛋白质 (%) | 脂肪 (%) | 乳糖 (%) | 干物质 (%) |
|------|-----------|---------|---------|-----------|
| 狗 | 5.0 | 5.0 | 4.5 | 22.8 |
| 猫 | 7.5 | 7.0 | 4.0 | 18.5 |
| 牛 | 4.7 | 3.8 | 4.7 | 12.4 |
| 羊 | 4.5 | 4.5 | 4.6 | 13.0 |

资料来源：①Milk substitutes and the hand rearing of orphan pyppies and kittens [J]. J small Anim. 1981. Pract 22:555-278. ②Adkins Y, Zicker SC, Lepine A, et al. Changes in nutritient and proetin composition of cat milk during lactation [J]. Am J Vet Res, 1997, 58:370-376. ③ Keen CI, Lonnerdal B, Clegg MS, et al. Developmental changes in composition of cats' milk: trace elements, minerals, protein, carbohydrate and fat [J]. J Nutr, 1982, 112: 1763-1769.

　　市面上有很多商品化的代用奶，我认为都是比牛奶、羊奶更好的选择，这些商品化代用奶可以提供与母狗乳汁极为相近的营养，确保营养充足又符合它们的需要。有的人也会以牛奶、羊奶和鸡蛋设计代用奶食谱，主要是靠鸡蛋的营养来提高牛、羊奶中的蛋白质量，同时稀释乳糖的含量。但除非真的能完全掌控所有的营养素，否则我并不建议这么尝试，因为这个阶段影响狗宝宝的成长发育，自制食谱不能只是猜测或估算它们的营养需求，也没有时间让我们慢慢观察喂食反应，我不赞同这样冒险，顶多只是偶尔应急用，不能长久作为幼犬的主食。

　　喂食的量请参照不同狗用代用奶包装上的建议，可根据狗宝宝体重变化幅度调整。泡好的奶粉，以奶瓶、滴管或针筒一点一点地喂，如果是非常虚弱、吸吮反射很弱的狗宝宝，这时期的照料就是它们存亡的关键，请带着这只孱弱的孩子到医院寻求协助。

　　我们经常碰到，因为没有掌握好喂奶的方式而导致狗宝宝呛奶，严重一点会变成吸入性肺炎，酿成大错。尝试喂奶时，请想象自己是充满母爱的狗妈妈，慢慢地等待狗宝宝吸吮足够的奶量，你会发现它们变成肚子大大胖胖的宝宝，接着心满意足地睡着。喂食前别忘了，先帮助小狗排便排尿，用蘸温水的湿纸巾轻柔擦拭宝宝的肛门口、尿道口（记得每次都要使用干净的纸巾，以免尿道感染），温暖湿润的纸巾就像狗妈妈的舌头，这么做可以刺激狗宝宝排泄与排便。

**狗宝宝的饮食指南**

1. 选择与母狗乳汁最相近的代用奶配方。
2. 每天称狗宝宝的体重并记录。
3. 前3周每2小时喂食，饭前先以纸巾蘸温水（模仿狗妈妈温柔的舔舐），
   以协助狗宝宝排便排尿，3周龄后改为一天4~6次。

# 离乳期（1~2 月龄）

大约1月龄的幼犬会开始长牙，狗妈妈因为在哺乳过程中被它们的小乳齿弄痛，会慢慢抗拒让狗宝宝吸奶。这时我们可以开始介绍一些简单、好吞咽、好消化的软质食物给小宝宝们。为什么我说是"介绍"呢？因为这个时期的狗宝宝会慢慢开始探索世界，不论是与同胎的兄弟姐妹建立社交习惯，或是开始尝试母乳以外的食物，这是狗狗人生中充满无限可能的时期，此时对于狗狗终其一生的饮食喜好、口味有着关键的影响力，凡是接触过的食物质地、味道都会留给它们深刻的印象。如果你不想要狗狗之后对特定食物特别着迷或特别讨厌，那么这时候可要好好介绍新鲜食物给他们。

但别忘了，此时它们的主食还是狗奶！可以试着在它们的活动范围内摆一点点新鲜食材，一点点新鲜水煮蛋、炒蛋、乳制品（如自制茅屋奶酪与酸奶）、营养酵母，搅碎的鸡肉泥、牛肉泥、鱼肉泥，再到蔬菜（可由南瓜泥开始），慢慢进展到各式各样的蔬果。当它们对这些非液态的食物接受度上升时，就是我们能开始准备成长期菜单的时候。

# 成长期

3~6个月是成长速度最快的时期，整个成长期依据犬种体型不同，时间长短也不同，小型犬在9~10个月达到成犬体型，而大型犬则需要11~15个月，某些巨型犬甚至要18~24个月。大型犬以外的狗，在4~5个月会达到成犬体型的50%，5~8个月间会成长至成犬体型的80%，请根据不同体重选择热量系数，并计算狗狗的每日能量需求（能量需求的计算方式，请参考第116~119页的能量需求单元）。

由于身体快速生长需要大量氨基酸来建构新的组织，这个时期的蛋白质需求量相较于成犬期来得高，至少占 22％ ME（代谢能量）。钙磷比维持正常平衡，食物干物重中最少要保证 1％的钙、0.8％的磷，两者比一样维持在（1~1.8）：1 之间。

很多人以为大型犬的成长期需要加倍补充钙质，但其实没有必要，过分补充钙反而会造成骨骼生长异常；倒是特别要注意DHA 的补充，这影响着神经发育。在成长期间，一边通过施打疫苗来建立对抗传染病的免疫力，一边也可帮狗狗补充天然的抗氧化物质，例如维生素 E、维生素 C 与 $\beta$－胡萝卜素等，这些可协助稳定免疫细胞，研究指出还可因此增加抗体量、记忆 T 细胞与淋巴细胞，让防御病原体的卫兵更加厉害[注1]。

虽然有人说，小时候的胖不是胖，但是在成长期间若让狗儿太胖，脂肪细胞会增加，长大也会比较容易发胖，所以我并不建议这时采用任食模式。客观地控制它们的热量摄取，才能观察狗的食欲、生长速度。适度陪着这些青少年运动，帮助它们的肌肉健康发育，维持完美体态，打好健康的根基，为它们加满油，让它们用强健的体魄来探索这个美好的世界。

对了，此时期也别忘了要帮狗养成餐餐刷牙的好习惯喔！（请参考第 110 页"口腔保健：亲亲狗宝贝不犹豫"）

---

### 狗宝宝成长期的营养建议

1. 营养充足、高蛋白质、高热量密度的食物。
2. 正常钙磷比（1~1.8）：1。
3. 补充EPA、DHA（每1000kcal食物中含100mg）。
4. 规律作息、适当运动以维持完美体态。

---

注1. Khoo C, Cunnick J, Friesen K, et al. The role of supplementary dietary antioxidants on immune response in puppies [J]. Vet Ther. 2005, 6:43 - 56.

# 狗妈妈怀孕期

恭喜！只要过了 63 天（9 周）之后，家里就能迎接新生命，在这幸福的怀孕过程中，很多人会想到底要怎么为狗狗补充营养？其实，一直到怀孕的中后期，大约 6 周之后，胎儿才会明显长大，在这之前狗妈妈还是维持一般成犬期的营养摄取就好，太早开始补反而会让母狗变得太胖，胎儿过大也可能有难产风险呢！

那此时期到底要不要特别增加钙质的补充？事实上并不需要！按照原本成犬期的配方吃就行了，有研究指出[注2]，在怀孕期过度补充钙质反而会使副甲状腺功能下降，产后无法应付泌乳时大量的钙质需求，更容易导致产后癫痫症。唯一要注意的是 EPA 和 DHA 这两种 Omega-3 脂肪酸的补充，这些必需脂肪酸会由妈妈的胎盘供应给胚胎，能帮助宝宝神经与视网膜的发育，母狗身体自行合成的量较不足以满足胎儿的需求量。

怀孕期的后半段因为胎儿变大，容易挤压腹腔，母狗的胃口会变得比较小，因此可以提高食物的热量密度，同时改为少量多餐的方式，帮助狗妈妈摄取到足够的能量。

怀孕的最后一周开始，会慢慢感觉到狗妈妈的乳腺变得肿胀，分娩前 12 小时狗妈妈食欲会变差，体温会微微下降，并开始来回踱步，焦躁，筑窝，这些迹象表示小宝宝准备来报到了！

---

**母狗孕期的营养建议**

1. 补充 EPA、DHA 即可，钙质请维持正常摄取。
2. 第6周开始增加每日热量为原本成犬期的1.25~1.5倍。
3. 第8周开始更换成好吸收、高热量密度的餐点，少量多餐，维持充足钙质摄取。
4. 直到分娩前，母狗体重增加幅度控制在15%~25%，过度喂食可能让胎儿发育过大而难产。

---

注2: Drazner, Frederick H. Small animal endocrinology [J]. Churchill Livingstone, 1987.

# 狗妈妈哺乳期

当所有的狗宝宝都顺利出生，母狗排出了胎盘，就可以开始给予一些新鲜的水与食物。大部分的狗妈妈会在 24 小时内开始吃些东西，并且开始供应乳汁。宝宝的数量越多、体型越大，妈妈每天的水分、营养就消耗越多。

## 哺乳期的热量系数

母乳中约 78％ 是水，所以这时的水分供应一定不能断。哺乳期第一周，母狗的每日热量需求将上升至原本成犬维持期的 1.5~2 倍，第二周是 2 倍，第三、四周是泌乳量高峰期，这时候的热量消耗最多，建议供应狗妈妈 2.5~3 倍的成犬维持期热量，也就是说，还没怀孕的时候若每天给狗狗 200kcal，则此时应供应 200kcal 的 3 倍，也就是 600kcal 这么多。

第四周后，宝宝们开始长牙，会弄痛狗妈妈，自然而然妈妈会抗拒哺乳，这时可开始给予半固态食物引起狗宝宝的兴趣，当狗宝宝开始会吃半固态食物之后，就能慢慢减少母狗的餐点热量。等到第七、八周的时候，狗宝宝们完全离乳，这时给予妈妈的每日热量为成犬期的 1~1.5 倍，然后慢慢调整回原本成犬维持期的热量。

在这 2 个月的哺乳期中，宝宝跟母亲都要天天称体重。若是处于第六至七周离乳期后半段的母犬仍然继续分泌大量的乳汁，很容易发生乳腺炎。

## 哺乳期的糖类摄取需求

曾有研究显示，在母狗怀孕期给予不含碳水化合物的食物，结果只有 63％ 的幼犬顺利出生，幼犬在出生后也有非常高的死亡率。不过如果低碳水化合物饮食的同时补充高蛋白质，借由氨基酸转换成血糖，一样能维持稳定的血糖值。该如何评估哺乳时对葡萄糖的需求，目前研究还没有定论。不过可以确定的是，在面对哺乳期的压力、为了产生乳汁中的乳糖，势必需要额外增加对葡萄糖的需求。

## 哺乳期的钙质不能少

在饮食中补充钙质可平衡血中钙磷，以避免因钙磷失衡而导致的副甲状腺过度工作，以及产后癫痫症，这是因低血钙而发生的神经症状；血中钙离子太少会造成运动神经过度兴奋、肌肉强直性收缩，通常在产后 3~4 周发生。因为这时也是泌乳量最多的时期，故生产的幼犬只数越多、产乳量越大的情况下，特别容易发作。没有即时发现并补充钙质，严重的话数小时内可能就会死亡。一般建议自怀孕末期或分娩后开始补充钙质，饮食均衡外可给狗妈妈狗用综合维生素、矿物质营养补充品。哺乳期更应该视哺乳量而提高钙质含量。

---

**母狗哺乳期的营养建议**

1. 充足干净的饮水。
2. 高消化度、高热量密度的餐点。
3. 从怀孕末期开始提高钙质摄取，随着幼犬离乳而减少。
4. 哺乳高峰期：热量是成犬维持期的2~3倍，第四周后缓慢减少。
5. 可以任食或少量多餐的方式给予，并每日帮狗妈妈与狗宝宝称重。

---

**从孕期开始到幼犬离乳结束母狗热量需求变化**

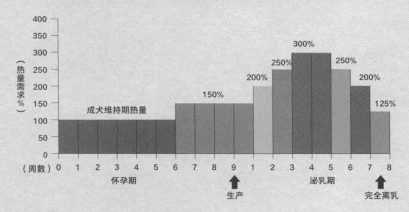

---

**妈妈宝宝健康笔记**

● 配种后第三、四周：请带狗妈妈做第一次产检。

● 怀孕第七、八周：生产前一周再一次仔细确认产检结果，并学习狗狗分娩征兆与应对方式。

● 产后第三、四周：回院复诊检查狗妈妈的身体状态，顺便帮狗宝宝进行健康检查。

给狗妈妈与成长期狗宝宝

# 南瓜牛奶鲜鱼炖饭

鳕鱼富含 EPA、DHA 与牛磺酸，能帮助神经与心肌健康发育，高钙的牛奶、吻仔鱼和紫苏搭配鳕鱼提供的维生素 D 使钙质更好吸收，但因鳕鱼缺乏维生素 C，所以特别加入南瓜补足营养，这是一道营养价值极高的餐点，适合哺乳期母狗与成长期的狗狗。

图片仅供参考，建议将所有食材打碎食用

## 南瓜牛奶鲜鱼炖饭 Recipe

### 材料 Ingredients
总重 256g

**鲜鱼**

| 鳕鱼切片 ———————— 20g
| 吻仔鱼 ———————— 30g
鸡蛋 ———————————— 2 颗
南瓜 ———————————— 20g
大白菜 ————————— 20g
低脂鲜奶 ————————— 50g
熟白饭 ————————— 50g
紫苏叶 ———————————— 2g
葵花油 ———————— 1 茶匙（4g）

### 营养补充品 Supplements

钙 ———————————— 250mg
锌 ———————————— 4mg
维生素 E ————————— 6mg

蛋白质 23%
淀粉 35%
脂肪 42%

※ 以代谢热量评估

### 做法 How to Cook

1. 所有食材切成适当大小，鸡蛋打散。南瓜、鳕鱼、小鱼以电锅蒸熟后去皮、去刺。

2. 锅内倒入牛奶与 20g 水，沸腾开后加入鲜鱼、白菜、白饭、南瓜与蛋液不断搅拌直至蛋液熟透。

3. 滴入葵花油后起锅，铺上切碎的紫苏叶，等冷却后加入营养补充品即可。

### 营养分析 Nutrition Fact
热量 300 kcal　　热量密度 1.17 kcal/g

蛋白质 ———————————— 30%
脂肪 —————————————— 23%
总碳水化合物 ——————— 45%
膳食纤维 ——————————— 2%
钠 ————————————— 0.4%
钙磷比 —————————— 1.45
灰分 —————————————— 2%
脂肪酸 Omega-6 ： Omega-3 ＝ 4 ： 1

※ 本餐含 EPA、DHA 总量至少 490mg
※ 以干物重评估

# 5-2 肥胖狗的减肥饮食指南

看看身边的狗朋友们,稍微评估一下它们的 BCS 指数,应该不难发现其中不乏 BCS =(4~5)/ 5 的族群。狗作为人类最好的伙伴,不仅随着科技、医疗进步,能与我们一起携手迈向高龄化,也因为与我们生活形态紧密相连,导致肥胖狗越来越多。

这些住在城市里的动物,不太出门运动,跟着人一起赖在沙发上,同时因为宠物食品越做越可口,热量密度又高,长期下来变成"小胖子"。我承认,美食当前,要帮狗狗减肥就像人类减肥一样困难!

有些人觉得狗狗胖嘟嘟好可爱,尤其短腿狗胖起来后更是圆滚滚,但其实这对它们的健康有非常大的伤害,常常在门诊看到摇摇摆摆走进来的狗狗,我就会暗自叹气。天生短腿再加上肥胖问题,这对它们的骨骼关节的负荷更大!以下列出易发胖的犬种与肥胖狗的健康隐患问题,要请主人们了解并牢记在心。

| 容易发胖的犬种 | 肥胖狗的健康隐忧 |
| --- | --- |
| • 巴哥 | • 糖尿病 |
| • 斗牛犬 | • 增加心肺疾病风险 |
| • 雪纳瑞 | • 运动耐受性下降 |
| • 吉娃娃 | • 关节问题 |
| • 腊肠狗 | • 增加手术与麻醉风险 |
| • 柯基犬 | • 好发特定肿瘤 |
| • 拉布拉多 | • 降低生活品质 |
| • 黄金猎犬 | |
| • 所有心软主人饲养的狗 | |

很多肥胖狗的主人会挂号求助，请兽医帮忙制定减肥计划，但我必须说，这是一场理智与情感拉扯的战役，一定要有坚定决心才能成功。有些人的策略以干粮为主食，想靠喂少一点来减肥，这其实很辛苦，因为这样的食物体积很难满足狗的饱足感，所以它们会一直不断地乞食，最后让主人的理智又断线，一切回到原点。但是，我并不是说不可行，前提是主人要有毅力，然后动物要耐得住饥饿。

## 给肥胖狗的营养建议

不得不夸奖一下，鲜食在减肥门诊中其实是一个很好的处方，因为鲜食的水分比较多，整体的热量密度本来就比干燥食物来得低，再者我们也能自由调整纤维含量，利用纤维体积大却又不能消化吸收的特性来增加饱足感、加速肠蠕动以降低吸收率。

我想曾经减肥过的读者一定很有共鸣，减肥就是想办法降低每日摄取的热量，然后增加运动量来消耗热量，狗狗减肥也一样。**所以，重点不是吃多吃少的问题，而是有没有吃得巧（热量密度有没有掌控好）**，如果我们给狗吃热量密度很高的食物，跟给予他热量密度低的食物，相同热量却会得到不同的结果，热量密度低的食物分量会多一点，起码吃得饱一些会获得饱足感所带来的快乐。

请参考第 116 页能量需求计算与第 120 页评估狗的体态指数，若你的狗BCS 指数落在（4~5）/ 5 级，可以试着降低 10%~20 % 的每日热量。依照计算出来的减肥热量，把准备好的餐点分配好，例如做了 1000kcal 的食物，而狗狗减肥期想调整为每天 500kcal 的热量，那么这份食物可以让狗狗吃 2 天。

**除了节源（降低每日热量摄取），也要想办法增流（增加热量消耗）**，这对狗狗来说其实不难，大多数狗狗都热爱户外活动，喜欢出门散步，也喜欢跟主人玩游戏，其实是难在主人有没有这个动力。请把握机会好好跟狗狗出门运动，或是增加在家里的游戏时间，每天花多一点时间和狗狗做这些事情，不管对人对狗都有帮助。

有些狗因为真的太胖了，没办法承受太激烈的运动，不妨先从增加散步时间开始。在室外活动筋骨，也要注意室外温度，不要在大热天带着肥胖狗出门，这会让它们更容易中暑，也要随时注意它们是否能承受这样的运动强度，不要让它们太喘。运动跟转换食物一样，也要循序渐进。

　　减肥不能减太快，每周减重1%~2％就好，记住，我们要的是狗狗健健康康地变瘦，而不是忽然暴瘦。开始减肥以后，每周都要帮狗量体重、记录喂食量、记录食物内容。减肥也是需要我们密切观察的时期，根据"3-1　一切都要从观察开始"与"3-2　为狗宝贝计算过的均衡营养"单元内容，帮狗狗写减肥日记，用半年到一年的时间陪着狗狗恢复到理想体态。另外，如果认真减肥一段时间后，发现狗还是瘦不下来，请注意你的狗狗可能身体还有其他问题，例如内分泌疾病，这需要提高警觉。

**胖胖狗减肥期的饮食指南**

1. 降低热量摄取。
2. 多运动提高热量消耗。
3. 调整饮食与生活状态。
4. 营养均衡才可以减脂不减肉。

## 给肥胖狗
# 烤里脊菇菇鲜蔬沙拉

猪小里脊是猪肉中较低脂、低热量的部位，几乎与鸡胸肉所含的热量差不多，送进烤箱烘烤能散发诱人香气。要想让狗狗吃低脂又不香的食物其实不简单，于是我利用苹果与南瓜的甜味，将蛋白质与纤维混合在一起，完成这道低热量密度的减肥餐。

图片仅供参考，建议将所有食材打碎食用

## 烤里脊菇菇鲜蔬沙拉 Recipe

### 材料 Ingredients
总重 210g

| | |
|---|---|
| 猪小里脊 | 30g |
| 南瓜 | 50g |
| 红皮甜椒 | 20g |
| 黄皮甜椒 | 20g |
| 洋菇 | 20g |
| 百页豆腐 | 10g |
| 新鲜萝蔓叶 | 30g |

沙拉酱材料
| 苹果 ········· 30g

适合我的狗的倍数：

### 营养补充品 Supplements

| | |
|---|---|
| 钙 | 150mg |
| 锌 | 2mg |
| 维生素 E | 5mg |
| 营养酵母 | 半茶匙 |

※ 长期使用须加入含碘、维生素 D 之犬用综
合营养品

### 做法 How to Cook

1. 所有食材（除萝蔓与苹果外）
   切碎放到烤箱以 100℃ 加热
   5~10 分钟，至猪肉熟透。
2. 苹果以果汁机打成果汁，混
   合营养补充品。
3. 烤熟的食物盛盘放凉后，加
   入切碎萝蔓叶，淋上含营养
   补充品的苹果汁即可。

### 营养分析 Nutrition Fact
热量 112 kcal　　热量密度 0.53 kcal/g

| | |
|---|---|
| 蛋白质 | 33% |
| 脂肪 | 11% |
| 总碳水化合物 | 50% |
| 膳食纤维 | 9% |
| 钠 | 0.3% |
| 钙磷比 | 1.47 |
| 灰分 | 6 % |
| 脂肪酸 Omega-6 ∶ Omega-3 ＝ 30 ∶ 1 | |

※ 以干物重评估

蛋白质 33%　脂肪 26%　淀粉 41%

※ 以代谢热量评估

# 5-3 消化道疾病复原期的饮食指南

营养照料一直是消化道疾病发作时的重要课题，由于消化道主要的工作便是消化与吸收食物中的营养，有了这些营养才能帮助修复身体组织，如今这个重要的管道出问题，将会导致营养摄取不足，此时要想尽快恢复消化道健康，就没那么容易。所以在处理这方面疾病时，营养照料的主要目标，就是维持供给健全、完整的营养。

通常消化道问题会有急性与慢性两种模式，狗较常见的是急性发作，会有剧烈呕吐、拉肚子的症状，也会因为吐、拉得太严重呈现脱水、胃肠道不舒服，变得食欲尽失、体重减轻。医院处理急性消化道疾病发作的初期，会建议先暂停进食一段时间，短则半天，长则两到三天，禁食可以避免消化道再次受到食物的刺激，让胃肠的上皮细胞好好休息一下，同时寻找导致消化道问题的原因，针对症状给予缓解药物。果断去除病因之后，这些症状渐渐不再发生，才开始进入复食期。

## 复食期的饮食计划

复食期少量渐进地给予好消化的食物，一来补足禁食期的营养，二来在消化道开工后，督促肠胃上皮细胞在休息过后得开始增生修复。因此，这时期的蛋白质、碳水化合物、脂肪都要是好消化的，尤其在蛋白质的选择上，请先排除将植物性蛋白质作为主要氨基酸供应源，因为那并不好消化，也不能提供狗狗完整的必需氨基酸。

我们要在最短时间给予最好消化吸收的营养，除了选择动物性蛋白质外，另外还要注意有没有哪些食材是狗曾接触过并会产生过敏，或消化不良症状的。如果真的难以辨识这些可能的食物过敏原，不如就挑选一种从没吃过的食材，这称为新菜单试验（请参第 247 页），降低可能的食物过敏风险。

另外，为了便于观察狗狗对这些食物的反应，可以尽量精简食材内容，同类食材只使用一种，例如只使用一种肉、一种谷类或淀粉（这时期的谷类，建议使用不含麸质的白米）、一种蔬菜、一种油脂。消化酶与肠胃的吸收功能还没完全恢复的情况下，不建议吃得太油，脂肪的摄取量建议酌量控制。

另外，可提供一些有益元素（如 Omega-3）比例较高的餐点，建议可调整 Omega-6 ：Omega-3 为（4~10）：1，在人的研究中发现，当中若含有 EPA 与 DHA 将可以减缓肠道的发炎反应。

适量加入一些可发酵纤维，提供让细菌分解后产生对肠上皮细胞有益的短链脂肪酸。肠上皮细胞的热量来源，约 70％ 来自细菌分解可发酵纤维后产生的短链脂肪酸[注1、2]，在肠黏膜受损后，供给短链脂肪酸可帮助肠上皮细胞增生，也能促进肠道血液循环，帮助肠道吸收水分，减少腹泻发生率。

为了尽快重建肠道正常健康的环境，也可以补充益生菌、益菌生，协助有益菌占领狗狗的消化道，这么一来，有害菌就变成弱势族群，肠道状况更稳定。

---

**消化道疾病复食期的营养建议**

1. 急性发作期先暂停进食一段时间。
2. 复食期提供好消化、低脂且食材内容简单的饮食。
3. 提高Omega-3脂肪酸含量。
4. 善用膳食纤维供应肠道细胞修复所需的营养。
5. 补充益生菌与益菌生营造健康的肠道环境。

---

注1：Bergman EN. Energy contributions of volatile fatty acids from the gastrointestinal tract in various species [J]. Physiol Rev. 1990, 70:567-590.

注2：Hague S, Singh B, Parskeva C. Butyrate acts as a survival factor for colonic epithelial cells: further fuel for the in vivo versus in vitro debate [J]. Gastroenterology, 1997, 112:1036-1040.

# 给消化道复食期狗狗
# 蒸苹果鲔鱼蛋花粥

鲔鱼有均衡的蛋白质，同时富含 EPA、DHA、Omega-3 不饱和脂肪酸、镁和各种维生素，营养价值高，把鲔鱼熬成香浓的粥，能将营养保留在粥里，补充狗因腹泻、呕吐流失的水分与电解质，熬煮也可以让淀粉更好消化，很适合消化道疾病发作后处于恢复期的狗狗。

图片仅供参考，建议将所有食材打碎食用

## 蒸苹果鲔鱼蛋花粥 Recipe

### 材料 Ingredients
总重 170g

| | |
|---|---|
| 鲔鱼 | 40g |
| 鸡蛋 | 1 颗 |
| 苹果果肉 | 40g |
| 胡萝卜 | 30g |
| 含碘低钠盐 | 0.2g |
| 白饭 | 25g |

适合我的狗的倍数：

### 营养补充品 Supplements

| | |
|---|---|
| 钙 | 150mg |
| 锌 | 3mg |
| 维生素 E | 5mg |
| 营养酵母 | 半茶匙（2g） |

### 做法 How to Cook

1. 所有食材切成适当大小，鸡蛋打散，将除刺的鲔鱼、蛋液、胡萝卜与熟白饭放入锅内，加入一杯水。
2. 于炉火上熬煮 5 分钟，加入食盐均匀混合后，熄火盖上锅盖静置 5 分钟。
3. 冷却后加入苹果果肉与营养补充品即可。

### 营养分析 Nutrition Fact
热量 160 kcal 　 热量密度 0.95 kcal/g

| | |
|---|---|
| 蛋白质 | 39% |
| 脂肪 | 9% |
| 总碳水化合物 | 49% |
| 膳食纤维 | 4% |
| 钠 | 0.3% |
| 钙磷比 | 1.33 |
| 灰分 | 3% |
| 脂肪酸 Omega-6 : Omega-3 = 4 : 1 | |

※ 以干物重评估

蛋白质 37% 淀粉 42% 脂肪 21%

※ 以代谢热量评估

※ 本餐含 EPA、DHA 总量至少 180mg

# 5-4　糖尿病的低升糖指数饮食指南

当狗狗出现吃多、喝多、尿多等三多的症状，许多人会开始怀疑家中宝贝是否罹患糖尿病。事实上，犬糖尿病竟也已成为近年常见的问题，好发于中高龄犬（7~9岁），其中母犬发生率约为雄性犬的2倍，有时也与品种有关，好发品种如雪纳瑞、比熊、迷你贵宾犬、猎狐梗、萨摩耶。

提到糖尿病，我要稍微说明身体中血糖的调控机制。动物吃东西获得的糖分，经由血液循环至全身，这些能量要能被细胞拦截下来，抓进细胞内使用，必须有胰岛素的协助。

## 调控血糖的钥匙——胰岛素

胰岛素由胰脏的胰岛的 β 细胞分泌，当血糖上升时，胰岛素会被释放到血中（能进入血中的激素，归类为内分泌。胰脏还有兼职外分泌的角色，制造外分泌酶如胰脂酶、胰蛋白酶、胰淀粉酶，这些消化酶须经由胰管，输送到十二指肠内才能发挥作用），通过胰岛素与身体细胞表面的受体结合，胰岛素就像开启细胞膜大门的钥匙，细胞膜上的受体就如同门锁，开启大门后才允许血糖进入细胞中。

可想而知，无论是"没有钥匙"或"门锁坏掉"，都会影响血糖的调控，导致细胞无法摄取血糖产生能量，也会使血液中蓄留过多血糖，此即我们所称的1型糖尿病：胰岛素依赖型糖尿病（Insulin Dependent Diabetes Mellitus, IDDM），就像是没有钥匙；而2型糖尿病：非胰岛素依赖型糖尿病（Non-insulin Dependent Diabetes Mellitus, NIDDM），就像是门锁坏掉了。

狗的糖尿病大部分都是1型胰岛素依赖型糖尿病，因为胰脏负责制造胰岛素的 β 细胞被破坏（原因可能是遗传、自体免疫疾病、胰脏炎、肥胖、药物或继发于其他内分泌疾病），无法分泌足够的胰岛素进入血中，只能利用打针的方式补充外源性胰岛素。

若是没有外源性胰岛素介入，血糖持续上升，过多的糖分也会出现在尿中，尿中的糖犹如吸水的海绵，把血中水分大量吸引到尿液中，于是狗狗会变得多尿，尿液变得很淡，也因为尿得多，就要喝更多的水，否则身体会因为尿太多而处于脱水状况；而身体的细胞因为缺少钥匙帮忙把血糖领进门，细胞因缺乏能量来源，不得不消耗本身能量来维持功能，另一方面，细胞也会发出饥饿讯息，告诉饥饿中枢多吃一点，不然细胞就要饿死了。

## 寻找胰岛素与血糖值的平衡点

血糖无法进入细胞内，使得动物频频觉得饥饿，也吃得很多，但就是胖不起来，体重开始减轻。若是细胞长期处于虚耗状态，最终战术便是大量分解脂肪来产生能量，脂肪酸进入肝脏后释出酮体，累积过多酮体的后果，将可能引发酮酸中毒。有的动物也会因为血糖过高，使得眼睛的水晶体开始混浊变性，也就是白内障，严重可能会失明。

所以，在糖尿病犬的照护过程中，我们最重要的任务，便是寻找胰岛素与血糖值的平衡点。以往由身体本身因应饮食中吸收的糖分高低，自动去调整胰岛素分泌量，现在因为大部分的胰岛素必须从体外补充，所以我们要花时间来评估到底该补充多少的量，若补得过少，血糖依然很高，细胞依然无法获得营养；若补得太多，动物很快便会出现低血糖、癫痫、昏厥甚至休克，这当中的两大关键就是给予的胰岛素剂量，以及控制饮食中所吸收的糖分。

肥胖状态下，可能增加身体对胰岛素的抗性，若本身体态较为丰腴的狗狗，建议制定健康的减肥计划，让 BCS 指数恢复至 3 / 5 或 5 / 9 的状态。减肥计划不外乎：控制每日摄取的总热量、降低食物的热量密度、提高纤维量、通过运动加速消耗热量等。如果动物已过度消瘦，则须着手开始增肥计划，适当提高热量与蛋白质消化度，让体态维持在健康状态。

## 决定糖尿病狗预后的关键

由于狗的糖尿病一旦发生，通常就是终身的事了，这么漫长的过程中，初期可以在医院监控血糖曲线，兽医会为狗狗评估每日的饮食量与胰岛素的给予量，不断调整、监控血糖值与胰岛素剂量的稳定平衡，直到可以居家照顾为止。

第五章 特殊状态的营养照料

糖尿病饮食

223

兽医会交代主人每天何时施打胰岛素针、何时给予多少的食物、何时监测血糖，在接下来的日子中，务必严格遵照指示，按照既定时间，定时且定量地操作。

糖尿病狗整体预后好坏的关键，取决于是否能得到妥善的居家照顾，还有与医生的配合密切度，这将决定该病患是否能将血糖控制于稳定状态，大多数罹患糖尿病的狗狗通常能维持快乐的生活。

为糖尿病犬制定的菜单，须避免使用好吸收的糖类。这些糖类可以迅速吸收，将引发短时间内大规模的血糖上升。另外，随着个体的消化度不同，应善用可溶性纤维与不可溶性纤维的比例，可溶性纤维（例如果胶）能减缓葡萄糖的吸收速度；不可溶性纤维因可促进肠道蠕动，加速食物的排出，因而降低食物的消化吸收率。

善用这两种纤维，可以达到稳定血糖的效果，减少血糖剧烈上升的风险。一般来说建议 12% DM 不可溶纤维，搭配 8% DM 的可溶性纤维，有助于糖尿病犬的血糖控制，不过实际用量增减则须视动物是否能顺利消化，以不造成腹胀、软便、拉肚子为考量进行个别调整。

**糖尿病狗的饮食指南**

1. 控制热量：校正肥胖或维持体重于正常范围内。
2. 配合胰岛素针的时间，定时定量喂食。
3. 控制食物中碳水化合物的吸收状况，避免造成血糖剧烈变动。
4. 善用纤维素。

# 给糖尿病狗狗
# 白酱鸡肉
# 低升糖指数
# 意大利面

○     所谓的食物升糖指数值，是测量吃完这样食物2小时后的血糖上升数值，对照葡萄糖上升幅度为基准，所得的一个数字。当升糖指数值越高表示消化完这种食物后，血糖会越剧烈上升，对于糖尿病稳定血糖越不利。

○     纤维多、未经精制、含米糠的淀粉类较难以消化吸收，所以比较不会造成血糖剧烈上升。煮得越久、越软烂的淀粉类越好吸收，较不利于血糖控制。本餐点使用全麦意大利面，及运用可溶与不可溶纤维的比例，帮助糖尿病狗狗能吃得开心，同时不会让血糖骤升。

图片仅供参考，建议将所有食材打碎食用

## 白酱鸡肉低升糖指数意大利面 Recipe

### 材料 Ingredients
总重 170g

| | |
|---|---|
| 带皮鸡腿肉 | 50g |
| 花椰菜 | 25g |
| 番茄 | 20g |
| 蘑菇 | 20g |
| 低脂鲜奶 | 10g |
| 全麦意大利面 | 20g |
| 芹菜叶 | 20g |
| 橄榄油 | 1 茶匙（4g） |

适合我的狗的倍数：

### 营养补充品 Supplements

| | |
|---|---|
| 钙 | 200mg |
| 锌 | 3mg |
| 维生素 D | 100IU |

蛋白质 28%
淀粉 30%
脂肪 42%

※ 以代谢热量评估

### 做法 How to Cook

1. 蘑菇去除蒂头，花菜切小朵后以沸水汆烫，1~2 分钟后捞起备用。其余食材切好备用。

2. 另一锅沸水放入意大利面条煮熟至适当程度，不要太软，之后捞起沥干。

3. 起油锅，煎熟鸡肉后，倒进芹菜叶以外所有食材，继续煮约 1 分钟即可盛盘，以芹菜叶点缀。冷却后加入营养补充品。

### 营养分析 Nutrition Fact
热量 200kcal　　热量密度 1.2kcal/g

| | |
|---|---|
| 蛋白质 | 32% |
| 脂肪 | 22% |
| 总碳水化合物 | 43% |
| 膳食纤维 | 7% |
| 钠 | 0.2% |
| 钙磷比 | 1.31 |
| 灰分 | 3% |
| 脂肪酸 Omega-6：Omega-3 = | 10：1 |

※ 碳水化合物包含食物中纤维
※ 以干物重评估

# 5-5 慢性肝炎的饮食指南

肝是体内最大的代谢、解毒器官，一般人认为：拥有一副健康的肝脏，便能肆无忌惮地吃喝各种东西，把烦恼留给肝脏，让生活缤纷多彩……但事情往往没那么简单，所以肝脏这一部分也是我思考最久、最难下笔的一章。

肝脏的功能很多，从凝血、造血、合成蛋白质、代谢，到储存营养素、处理生理产生的废物，几乎你所能想到的生化反应，肝脏都有经手。另外，肝脏是血管交通的一个重要枢纽，肠道吸收的营养会进入血管中，之后便送到肝脏，由肝脏储存或分配出去，而血管离开肝脏的下一站，会回到身体核心——心脏，因为这么连接着，所以这两个器官彼此紧密牵连，互相影响。

举例来说，一只患有心脏病的狗，心脏输送血液的能力下降时，血液很难顺利输送出去，连带会造成前一站肝脏里的血液很难回到心脏，血淤积在肝内，这时的状态称为"肝淤血"，对肝脏来说不是好事；又例如肝门脉出现高压情形，也会影响体内诸多脏器，例如肾脏、肠胃功能下降，肝脏代谢毒素、废物功能变差，造成肺和心脏，甚至脑的负担。由此可知，当肝脏出现问题，体内脏器皆会受影响，肝脏疾病是一种影响到全身循环系统的疾病，只要牵涉循环系统相关的疾病，处理起来皆相当棘手。

肝脏是个沉默的器官，疾病发生初期并不会观察到明显症状，因此在例行健康检查中，建议一定要检验肝指数。面对肝病动物，主人要能察觉其身体异状，例如狗狗变得食欲不振、精神沉郁、体重减轻、腹水、恶心呕吐、多渴多尿、腹泻、脱水、黄疸、凝血不良、营养代谢不良，而当主人发现时，这些情况大多已经持续一段时间了。

## 慢性肝炎的发生与检查

慢性肝炎在狗较常见，原因很多，也可能与品种有关，猫比较少见，持续一段时间的慢性、长期的肝脏反复发炎会发展成肝纤维化、肝硬化的严重后果。

在医院我们一般通过血液检查，初步窥探肝脏是否有受损，若肝细胞发炎，细胞中的酶释放到血中，我们便能侦测到血中的谷草转氨酶、谷丙转氨酶上升。有了合理的怀疑，接下来再针对其他可能影响的指数、尿液、粪便、腹水进行分析，及凝血功能检测，还可利用B超检查肝脏的外观形态。看是否有特别明显的团块或发炎影像等，有时针对特别异常的影像，也可能需执行生检采样，将细胞组织取出来检查。

有学者认为，慢性肝炎在临床上的判定标准为持续4个月以上肝指数上升，同时检查结果显示肝脏有炎症反应。长期慢性肝发炎后，即使肝脏具备再生能力，也会逐渐丧失正常功能，细胞肿胀、坏死，接着结缔组织增生，走向纤维化一途，肝门血压升高，最终甚至导致死亡。

肝功能下降后，肝脏所处理的废物（如老废红细胞被清除后释出的胆红素）无法代谢，于是出现黄疸症状；蛋白质代谢后产生的氨，因为肝脏无法处理而累积在血中，毒害身体各脏器，例如会造成消化道溃疡，严重可能发展成肝性脑病（神经伤害）；肝脏制造白蛋白的能力减退，于是血液渗透压下降，水分转移到血管外，蓄积于体内，形成水肿；肝门静脉高压，导致腹水生成，主人会发现狗狗肚子渐渐变大，要定期到医院抽腹水。

检查结果显示肝功能异常后，得着手寻找原因，不论是先天性、后天性的结构性或功能性异常、感染（病毒或细菌、寄生虫）、药物或毒素造成中毒、血液循环障碍（如心衰竭或心丝虫导致肝淤血）、营养失衡、脂肪肝（继发于其他疾病如糖尿病、甲状腺功能低下）、肝原发性或转移性肿瘤等。

事实上，依据引发肝炎的因素不同，饮食调整应综合致病因素与肝病症状控制，像是因为心脏病、高血压而引发的肝病，则需另外降低饮食中的钠含量，考量心脏相关的营养调整、药物与食物的配伍，所以在肝炎疾病的饮食调控上，建议寻求专业医生协助综合评估。

肝脏在身体内掌管1500多种生化反应，参与着代谢、解毒、活化各种酶或合成、分解各种必需氨基酸、胆固醇，储存肝糖、脂溶性维生素A、维生素D、维生素$B_{12}$、铁、铜，制造胆汁，处理血中老废物质、脂质代谢，促进胆固醇生成，制造凝血因子等，似乎所有大小事肝脏都参了一脚，与营养供给更是息息相关。

根据世界小动物兽医协会的定义，在组织学检查发现肝细胞有凋亡或坏死、单核细胞或诸多炎症细胞浸润，可见再生性、纤维化等状态，视为慢性肝炎。

## 选择优质好吸收的蛋白质

患肝病狗狗在能量与蛋白质的平衡上会出现问题，因此更不应限制蛋白质，反而该提供优质、好吸收的蛋白质，以平衡狗的每日氨基酸需求，更能帮助肝脏修复。

这些好的蛋白质能提供充足的必需氨基酸，适量的蛋白质因为好消化、吸收率高，所以较不会残留至空肠，也就不会有机会让空肠内的细菌利用这些蛋白质产生氨。如果蛋白质不利消化，残留过多，就会造成血氨上升，选择上建议减少给予芳香基氨基酸，多使用具支链的氨基酸，可减轻肝脑症状。

乳制品适合患肝病狗狗，自制茅屋奶酪也非常推荐加入到餐点中，刚开始以1~2匙尝试，同时监控症状与血检指数，根据检查结果来调整用量。虽说茅屋奶酪的精氨酸较不足，不过在急性肝炎的恢复期，还是建议使用单一蛋白质来源。

若动物出现血氨上升，甚至出现肝脑症，须与医生讨论如何降低血氨、蛋白质喂食量应如何调整。记住，充足的蛋白质能帮助肝脏修复，但过多却还是会造成肝脏负担。

## 患肝病狗狗的营养补充建议

脂肪是重要的热量供应源，一般来说不必特别调整患肝病狗狗的摄取量（与一般狗无异），多观察狗对于脂肪的代谢状况，若有脂肪消化不良，或狗本身有对脂肪代谢的相关疾病（如胆管阻塞状况、胆盐排出不良），此时就应调整脂肪含量。增加 Omega-3 与 Omega-6 的比例，也能帮助降低发炎反应。

适当的碳水化合物摄取，不仅易于消化，糖类的氧化能提供热量，减少蛋白质消耗，也能避免出动肝脏来进行糖质新生（避免增加肝脏工作量）。

　　善用可溶性纤维可减低氨的产生，不可溶性纤维帮助加速肠蠕动，让肠内容物快速排出，同样能减少细菌制造氨。

　　矿物质可补充锌，经研究发现，慢性肝病会导致锌缺乏，补充锌可以干扰氨合成，减少过度吸收铜。若动物有肝的铜离子贮积病，建议选择高锌、低铜含量的食物。

　　维生素建议补充具备抗氧化力的维生素 C、维生素 E，若有多渴多尿症状，应给予 2 倍量的维生素 B，以避免可能的水溶性维生素流失。由于额外补充脂溶性维生素 A、维生素 D 将可能累积在肝脏内，因此使用相关补充品请多加留意。若因肝脏功能下降，而有凝血功能异常情况，必要时也应补充维生素 K。

---

| 高铜含量的食物 | 高锌含量的食物 | |
| --- | --- | --- |
| • 肝脏、肾脏、心脏 | • 红肉 | • 牡蛎 |
| • 麦片 | • 蛋黄 | • 全谷类 |
| • 豆荚 | • 牛奶 | • 白米 |
| • 贝类 | • 黄豆 | • 马铃薯 |

---

**慢性肝炎的饮食建议**

1. 少量多餐进食（每天4~6餐），且应准备能吸引自家狗狗的餐点（嗜口性佳）。
2. 正常量的优质蛋白质。
3. 维持热量供应充足，并依据脂肪代谢状况调整，可提高Omega-3的比例。
4. 适量的碳水化合物，可平衡能量、减少蛋白质消耗，避免增加肝脏负担。

---

美国著名黑人女作家玛雅安杰卢曾说过："Life loves the liver of it！"，意思是说生命深爱那些用尽全力生活着的人。有趣的是，照字面上的意思也可以解读成"生命热爱它的肝脏！"
注：Liver为肝脏的英文。

＊由于肝脏疾病饮食无法一概而论，请寻求专业兽医协助针对个案状况调整饮食，本书不会提供肝病相关食谱。

# 5-6 慢性肾病的饮食指南

不只是人，慢性肾病在狗猫身上也是很常见的疾病。1991 年，一份欧洲的研究追踪共 1600 只 5 岁以上的狗 5 年，其中约 20％ 的狗显示肾功能逐渐出问题[注1]，在年长的猫相关研究显示慢性肾病发生率又更高……

肾脏是身体非常重要的排泄器官，诸多血液中的物质必须通过肾脏过滤后，将过多或不需要的由尿液排泄掉，离子、水分、废物、毒素都要经过肾脏这一关。持续 3 个月以上肾脏功能减退，并多少伴随肾小球过滤率降低，就是慢性肾病的定义。

我习惯这样叙述肾脏的故事：假设肾脏是一间大企业中超级勤奋的小雇员，输送到肾脏那些富含水分的血液是小雇员赖以为生的薪水，这份收入高低影响着肾脏雇员的生活品质，但收入越高责任越大，有的时候还会遇到一些坏人物（有毒物质）登门拜访，让肾脏非常头痛。幸好肾脏平常都能处理得很好，非常努力地工作，任劳任怨，不到 75％ 的受伤程度绝不轻言抱怨。

渐渐地，当公司给的薪水太低时，肾脏的生活开始有了些改变：他的生活品质变差，但工作量一样，数个月下来，身体就逐渐无法负荷了……有时候，太多坏人物来拜访，平时偶尔受打扰还好处理，但常常来一大群坏蛋需要应付，肾脏先生很快就会受伤崩溃。

为了了解这位小雇员在公司是否过得好、工作表现如何，在医院里我们会通过量血压、验血、尿液检查、影像学检查肾脏的形态来评估肾功能，不过事实上，肾脏几乎要受损到 75％ 以上，才会开始出现血液学上的异常。

检验结果根据国际肾病组织 IRIS（International Renal Interest Society）的定义，进行疾病严重程度分级，共分四级，分级标准主要是评估血清中肌酐浓度：IRIS 第一级表示有持续性的肾脏受损，但尚未出现氮质血症，随着级数上升，第二到第四级后肌酐浓度更高。

## 与慢性肾病的长期抗战

什么时候该开始饮食控制，一直是临床上热烈讨论的议题。太早控制一些关键的营养含量，有可能对于病情并没多大改善，甚至会让动物身体状态变差。一般来说，建议在医生判定为进入 IRIS 第二级后开始控制，以避免一些通过肾脏排除的营养代谢产物过剩[注2]。

我们进食后身体会吸收营养，当蛋白质拆解成氨基酸进入体内被利用之后，用不到的或用剩的那些就变成血中的含氮废物。一旦肾脏功能下降，这些含氮废物无法顺利排出体外，血中含有过多的含氮废物就称作氮质血症。这些身体不需要的东西，累积太多会对身体造成伤害，从口腔到消化道、呼吸道、神经系统都可能出现相关的中毒现象。于是，我们常会看到肾病狗狗拉肚子（甚至拉血）、呕吐、口腔溃疡、口气有尿味、癫痫、抽搐、失神、喘息或呼吸困难等。

肾脏如此重要，不仅只有区区排泄功能而已。肾脏调节体内的酸碱、水分、离子平衡，同时也参与激素的活化，例如红细胞生成素、能刺激钙质吸收的骨化三醇、掌管血压的肾素都由肾脏制造，当肾脏长期功能下降，可想而知，这些激素影响的相关功能也会拉警报，于是动物会出现贫血、钙质缺乏、血压升高等问题。

## 改善慢性肾病的尿毒症状

改善尿毒症要从源头做起，我们希望降低含氮废物的产生量，不过身体还是需要氨基酸来建构组织、细胞，所以肾病动物的蛋白质摄取，要维持在一个恰恰好的平衡状态，让摄取量趋近于使用量，这么一来产生的废物就会比较少。

可是就像盖房子一样，手上的砖头有限，只能稳定维持，不可能让动物更强壮，因此过度或过早开始降低蛋白质摄取量，对动物来说不一定有帮助，甚至可能是不健康的。那么，除了降低蛋白质摄取量外，还有另一个办法是选择消化吸收度较好的蛋白质来源，例如鸡蛋（除非有酸血症，否则鸡蛋是首选蛋白质来源），因为吸收度高、能把砖头用在关键处上，所以用量较少，且剩余的废物也比较少。

离子摄取量，主要依据血液检查结果调整。罹患慢性肾病的动物因为肾脏无法有效排泄掉饮食中的磷，血检可能会发现磷离子升高的情形，而同时骨化三醇降低的缘故，将会让血中钙和磷离子的比例更加失衡，所以必须视情况调整饮食中的磷离子含量。

1999 年的研究发现，控制高血磷可避免继发性甲状旁腺功能亢进，至于是否因此加入维生素 $D_3$ 来平衡钙磷比，需经过兽医专业评估。钾离子也应看血检结果调整。此外，还有如高血压会使肾脏疾病更加恶化，有高血压症状的动物，主要以药物控制血压，饮食中是否调降钠含量须与兽医讨论。

## 寻求医生协助，解决个案问题

日常照料上，因为肾脏是非常需要水的器官，建议适量补充水分，避免让动物处于缺水的状态。一些天然的抗氧化物质如维生素 C、维生素 E 的补充，还有抗发炎的 Omega-3，都是对肾脏有益的营养，提供充足适当的营养，才能尽量避免肾脏问题持续恶化。

很多原因会造成肾脏病，肾脏病同时也会引发其他器官问题，给予肾脏病动物的饮食建议一定要小心谨慎，并且依据每只动物不同的疾病状况、变化多端的各种症状来调整。所以，本书中并不会特别给予肾脏病的食谱，希望病犬主人在碰到棘手的肾脏问题时，一定要寻求专业兽医协助，无论是饮食方面或是医学方面皆然。

---

**慢性肾病狗的营养建议**

1. 改善尿毒症的临床症状。
2. 控制离子、水分、酸碱的不平衡状态。
3. 给予充足营养。
4. 尽可能减缓慢性肾病的演进。

---

注 1. Leibetseder, J.L., K.W. Neufeld. Effects of medium protein diets in dogs with chronic renal failure. [J]. Journal of Nutrition, 1991, 121(11 Suppl): S145 - 149.

注 2. Chronic Kidney Disease (CKD) in Dogs & Cats: An update 2016 by Doreen M. Houston DVM, DVSc. Diplomate ACVIM Doreen Houston Consulting, Guelph, Ontario, Canada.

＊本书不提供肾病食谱

# 5-7　心血管异常状况的饮食指南

在心脏病犬的饮食内容中，我们最关心食物的钠含量，因为钠就像吸水的海绵，会让整个血管中充满水分，血管的压力变大，也就造成高血压的状况。

为什么我们特别担心心脏病犬的食物中钠含量？因为只有健康狗能妥善地从尿液排出饮食中过多的钠，有心血管问题的狗，会因为连带的肾脏功能受影响或 RAAS* 系统活化等原因，导致身体容易滞留钠与水。

由于钠的滞留会导致血容量增加、高血压或水肿等问题，使心脏问题更加恶化，所以只要有潜在的心脏疾病风险，都要立刻开始限制钠的摄取量。但过度限制钠摄取（如尚未察觉到相关临床症状时就开始低钠饮食），反而会让身体为了维持血压，而促进 RAAS 系统活化。

我建议在心脏病早期，仍可维持一般钠离子摄取量（＜ 0.4％ DM），当有临床心衰竭症状表现时，才开始采中等程度限钠（＜ 0.3％ DM），若要更严格限制钠含量，必须谨慎评估动物的临床症状。另外，氯也是直接造成肾脏血管收缩的因子[注1]，同样也会加重心血管问题，以氯化钠为主的食盐用量或低钠盐中的氯化钾都要注意分量。一点点盐巴提供的钠含量就非常惊人，人类餐桌上的食物通常有盐作为调味，因此完全不能心软分狗狗任何一点，奶酪、面包都不行，就算为了哄狗狗吃药，也不能拿这类食物作为奖励或配药吃。

被诊断出有慢性心脏病的狗狗，强烈建议要定期至医院抽血检查，再依照检查结果调整饮食，因为考量到心脏病容易引起肾脏病，以及心脏病控制用药将影响血液中离子含量的关系，其他矿物质如磷、钾、镁这些离子，都应配合检查结果作调整。

心脏像个输送血液出去的马达，当马达生病、功能减弱的时候，血液中的氧气、各种营养就比较难好好地被输送到其他器官，长期下来易引发体内脏器受损。罹患心血管疾病的狗狗，很容易因为并发疾病或引发相关症状（如消化不良或作呕的感觉）导致食不下咽，严重的甚至会厌食。

## 给心脏病狗的营养建议

在中国台湾因为许多家庭饲养好发心脏病的小型犬品种，不少家庭都有对抗心脏病的经验。我在处理这类营养咨询的时候，最常碰到的问题除了该怎么控制饮食中的钠含量、可以吃什么营养补充品之外，主人还经常会问："为什么狗狗总是对我辛苦下厨制作的鲜食爱理不理，好像没什么兴趣？"

一旦出现食欲低落、体重快速减轻10％、肌肉大量流失的状况，表示此时已经为病重状态，不论是免疫力、精神都会变差，存活率也会下降。在面对心脏病这个对全身器官都会造成影响的疾病时，事实上，改善食欲不振的重要程度不亚于控制钠摄取量，因为如果狗狗根本不吃，辛苦调配出的营养料理就一点作用也没有，更惨的是狗狗可能也没有体力对抗疾病。

要改善食欲不振，请参考"2-3 无可挑剔好味道！食欲不振的对策"（第92页），若要尝试变换食材，以吸引狗狗兴趣，务必采渐进换食。如果真的还是都不吃，只好提高食物的热量与营养密度，让狗狗虽然吃得少，但还是有吃到该获得的热量与营养。

准备食物时，可以帮狗狗选用优质、好吸收的蛋白质，例如鸡蛋或其他动物性蛋白质，供应充足的氨基酸以避免身体被缓慢消耗成病重状态。脂肪酸选择上，有研究指出罹患心脏病的狗狗血中 EPA、DHA 浓度会减少[注2]，只要在饮食中添加这两种脂肪酸，就能校正血中浓度，可抑制引发病重的细胞激素[注3-5]，对于心律不齐亦有改善。

不过如果有心脏病的狗狗，同时又有肥胖问题，将造成心脏更大的负担，对整体控制情形更不利。这时会建议一边稳定心脏状况，一边慢慢帮狗拟定减肥计划，这将能帮助改善其心脏输出效率，也能使呼吸功能更好，让狗狗不再为了呼吸而努力喘气。有心脏病又要减肥是比较复杂的状况，请与你的兽医讨论最适合狗狗的计划。

其他对心脏病有益的保健品，如牛磺酸，对心肌有益，也能抑制 RAAS 系统，在心脏病狗的饮食中一定不能缺少；抗氧化物质如维生素 C、维生素 E，可减少自由基造成心肌氧化性伤害；其他如左旋肉碱、辅酶 Q10 等效果，仍待更多研究证实。

大多数狗狗的心脏病都必须长期服药，且限制运动并配合饮食控制，这三个环节都非常重要。在狗狗接下来的生活中必须时时刻刻小心谨慎，不能因为症状减轻，就贸然停药。

事实上，心脏病用药是非常精细地在调整心血管功能，而心脏病饮食又会与狗的血压、血中离子含量、心脏病用药互相配合。所以任何的变动，都需与兽医讨论，这样一来才能让狗狗的心脏病尽量被控制住，而不会快速向恶化发展下去。

### 心血管异常状况的营养建议

1. 控制饮食中含钠量。
2. 改善食欲不振，或提高食物的单位热量，使用优质蛋白质，避免病重。
3. 针对检查结果，调整食品中相关离子的含量。
4. 补充心脏保健品。

注 1：Kotchen TA. Journal of Laboratory Clinical Medicine 1987, 110: 533-539
注 2：Freeman LM, Rush JE, Kehayias JJ, et al. Nutritional alternations and the effect of fish oil supplementation in dogs with heart failure [J]. J Vet Intern Med, 1998, 12:440-448.
注 3：Smith CE, Freeman LM, Rush JE, et al. Omega-3 fatty acids in Boxer dogs with arrhythmogenic right ventricular cardiomyopathy [J]. J Vet Intern Med, 2007, 21:265-273.
注 4：Kang JX, Leaf A. Antiarrhythmic effects of polyunsaturated fatty acids: recent studies [J]. Circulation, 1996, 94:1774-1780.
注 5：Sellmayer A, Witzgall H, Lorenz RL, et al. Effects of dietary fish oil on ventricular premature complexes [J]. Am J Cardiol, 1995, 76:974-977.
注 6：Barger AC. American Journal of Physiology, 1955, 180:249-260.

＊RAAS系统（肾素–血管紧张素–醛固酮系统）：因为感受到血压的降低，肾脏内的特殊构造会分泌肾素，启动血管紧张素与醛固酮这两种激素运转，促进肾脏吸收更多钠离子和水分回到身体中，也同时命令血管收缩，使血管管径变小，血压因此而上升。当RAAS活化，身体里的钠会排不出去，血压也会上升。

1995年的一份生理学研究[注6] 显示，有三尖瓣闭锁不全的狗，排出钠的量只有健康狗的50％，这表示其体内蓄积了大约50％的钠。

## 常见食物中的钠含量

| 食物 | 量 | 钠含量（mg） | 备注 |
|------|-----|-----|-----|
| 马铃薯 | 1颗（中型） | <5 | |
| 白米 | 半杯 | 1~10 | |
| 意大利面 | 1杯 | 1~10 | |
| 面包 | 1片 | 200 | 不建议 |
| 美乃滋 | 1茶匙（4g） | 60~90 | 不建议 |
| 奶油 | 1茶匙（4g） | 50 | |
| 茅屋奶酪 | 84g | 200~300 | 不建议 |
| 脱脂牛奶 | 1杯 | 122 | 不建议 |
| 新鲜牛肉 | 100g | 50 | |
| 去皮鸡肉 | 100g | 60~80 | |
| 小羔羊 | 100g | 84 | |
| 猪肉 | 100g | 62 | |
| 蛋 | 1颗 | 70 | 小心使用 |
| 鲔鱼罐头 | 1罐 | 320 | 不建议 |
| 玉米 | 1/2杯 | <5 | |
| 黄瓜 | 1/2杯 | <5 | 新鲜蔬果含钠量低 |
| 青豆 | 1/2杯 | <5 | |
| 番茄 | 1颗 | <5 | |

国际小动物心脏健康协会（ISACHC）在1994年依照心脏功能变化、临床症状等，将心脏病分成Class Ia、Class Ib、Class II、ClassIII四类。功能性分类的特点是依照心脏功能变化，分类可以因为功能好转而减轻级数，也就是说这样的分类系统强调心脏功能的变化，因此如果利用药物或饮食等协助，心脏状况控制好的话可望由Class III 转为 Class II 。

2001年，美国心脏病协会（AHA）特别强调心脏结构的变化及疾病的预后，公布另一套心衰竭病程分类，将心衰竭病患分成四个病程等级Stage A、B、C、D，与ISACHC心脏功能分类不同的是，心脏结构变化是不可逆转的，例如有心脏杂音但并未表现临床症状的Stage B病犬，因为急性腱索断裂进入Stage C，这样的结构性转变是不可逆的。

## 国际小动物心脏健康协会的心脏病程分类

### Class I. 无症状的病患

a. 可察觉到心脏病（有心脏杂音或节律性问题），但并未表现出临床症状，也没有心血管代偿性变化。
b. 可察觉到心脏病（有心脏杂音或节律性问题），有心血管代偿性变化（高血压、心室扩张或心室肌肉肥大等），但并未表现出临床症状。

### Class II. 轻至中度心衰竭

出现临床症状如：运动不耐受、易喘或咳、中度呼吸困难或可能有轻至中度肺水肿。

### Class III. 重度心衰竭

明显的慢性心衰竭症状：呼吸困难、大量肺水肿、血液灌流不足、严重运动不耐受，在这时候很容易有突发休克状况。

## 给心血管异常狗狗
# 马克杯章鱼烧

本菜单是中等程度限钠的食谱，利用章鱼含有的天然牛磺酸保健心血管系统。本餐设计含钠量占 0.27 % DM，有充足的维生素 B、天然维生素 C 与铁，适合开始出现临床症状的心脏病狗使用，如果要调整到严格限钠饮食，请寻求兽医协助。章鱼对有的狗来说不太好消化，建议一开始先少量尝试，而且要切得够细碎。大多数狗都能适应这种食材，但对章鱼会过敏的族群就别轻易尝试了。

图片仅供参考，建议将所有食材打碎食用

# 马克杯章鱼烧 Recipe

### 材料 Ingredients
总重 200g

| | |
|---|---|
| 章鱼 | 50g |
| 甘蓝 | 40g |
| 玉米粒 | 20g |

A 食材

| | |
|---|---|
| \| 低筋面粉 | 40g |
| \| 蛋 | 1 颗 |
| \| 水 | 50ml |
| \| 麻油 | 1 茶匙（4g） |

| | |
|---|---|
| 柴鱼粉 | 5g |
| 无盐海苔 | 1g |

```
适合我的狗的倍数：
```

### 营养补充品 Supplements

| | |
|---|---|
| 钙 | 300mg |
| 锌 | 6mg |
| 维生素 B 群 | 适量 |

### 做法 How to Cook

1. 章鱼与甘蓝、玉米粒，以沸水汆烫后切碎或打碎备用。

2. 将 A 材料放入马克杯中搅拌均匀，接着加入做法 1 中完成的食材，覆上保鲜膜。

3. 微波炉以 600W 功率加热 2 分 30 秒后，撒上柴鱼粉、海苔与营养品即可。

### 营养分析 Nutrition Fact
热量 390kcal　　热量密度 1.95kcal/g

| | |
|---|---|
| 蛋白质 | 27% |
| 脂肪 | 22% |
| 总碳水化合物 | 49% |
| 膳食纤维 | 2% |
| 钠 | 0.27% |
| 钙磷比 | 1.1 |
| 灰分 | 2% |
| 脂肪酸 Omega-6：Omega-3 = 5：1 | |

※ 本餐中 EPA、DHA 总量至少 130mg
※ 以干物重评估

蛋白质 22%
淀粉 38%
脂肪 40%

※ 以代谢热量评估

# 5-8 抗肿瘤时期的饮食指南

当伴侣动物的医疗、卫生观念受到重视以后，家犬家猫的寿命便大幅延长了，但也得开始面对许多高龄常见的疾病。因发生肿瘤概率随年龄上升而上升，近年来越来越多学者试着研究狗猫肿瘤相关的治疗与长期照料方式，希望能改善动物生病之后的生活品质。

由于肿瘤的形态、种类繁多，这边我仅就一般肿瘤病犬的日常营养照料稍作介绍。肿瘤发生之后，身体代谢模式变得截然不同。毕竟所吸收的营养得额外供应能量给一个持续在壮大的组织，当这个组织强势而霸道的时候，其他细胞会渐渐被剥夺应得的能量，慢慢走向体态瘦削、抵抗力下降的病重状态，让其他生理功能也出问题。

临床诊断的肿瘤类型很多，一定要密切与肿瘤专科医生配合对抗病魔，当狗狗确诊为特定肿瘤，肿瘤科医生将制定专属的治疗计划，不论外科、化疗、放疗、缓和治疗，都需要保证狗狗有绝佳的身体状态，才能挺过这些疗程，也较能避免治疗期间的不适。不同的疾病有不同的应对方式，因此我再次强调，肿瘤的营养照料必须考量每只狗不同的状态作调整，针对检验结果搭配菜单。

## 制定抗肿瘤时期的饮食计划

基本上，抗肿瘤时期的营养照料，有两个主要目标：第一是避免动物病重，第二是给予充足营养，增强狗狗抵抗力，帮助顺利度过治疗时期。由于许多狗在肿瘤发生之后，会变得食欲不好，想办法提高餐点的吸引力（适口性）也是避免动物走向病重的方式。值得庆幸的是，一般而言，由主人亲手制作的新鲜餐点，绝对在众多宠物食品选择中具备强大竞争力，能虏获狗狗的心，这也是我们花费时间学习、制作狗狗抗肿瘤营养照料餐点时最美好的时刻。

我想很多人都听过抗肿瘤时期要低碳水化合物饮食的说法，以减少肿瘤的能量供应源。这样的理论根据主要来自人的研究发现，肿瘤细胞因为线粒体这个能量发电厂受损，不像健康细胞还可以运用脂肪酸，癌细胞只能使用糖解作用来产生能量，倚赖结构简单的碳水化合物来提供生长所需的热量，因此也开始有人试图利用肿瘤与正常身体能量代谢方式的差异，希望能以低碳水化合物饮食来阻止癌细胞生长。目前在人的研究中尚未直接证实低碳水化合物真的能抑制癌细胞生长，事实上，由于动物身体仍会以氨基酸和脂肪酸合成血中的葡萄糖，吃得再低糖也不可能使血糖归零，要达到如体外实验的抑癌效果，并不容易。若是在过度低碳水化合物的情况下反而使动物无法获得足够热量，导致病重状态反而造成预后更糟。

不过，有另一个可以考虑调整饮食的层面是，癌细胞的生长与胰岛素高低有正相关性，若身体分泌高量的胰岛素，已经存在的癌细胞会接收讯号而开始生长，人类的研究显示胰岛素高的癌症病人，存活时间会缩短，预后不佳[注1]。因此，虽然目前低碳水化合物在癌症动物饮食中尚未被证实真的可以达到抑制癌细胞生长的效果，我的首要考量会是维持动物良好的身体状态，不应为了过度限制碳水化合物而让身体细胞被消耗成病重状态。我们可以选用低升糖指数食物维持血中胰岛素浓度的稳定，不要在餐后因为血糖过度上升而随之分泌量大增，导致刺激癌细胞生长的潜在风险。让餐点中的热量转成由脂肪、蛋白质与复杂碳水化合物来提供。因此，餐点中的主要热量来源，建议选择来自脂肪、低升糖指数的碳水化合物[注2]。避开精淀粉、甜食，提高食物中的脂肪比例，同时增加餐点的美味度，让狗狗能维持良好体态。有研究显示增加Omega-3的比例（包含EPA、DHA）将可能有机会能限制肿瘤的生长，也可能降低肿瘤转移的概率[注3-7]。

以上谈到的饮食调整都尚待研究证实，也无法治疗或根除癌症，唯一可以确定的是，我们提供均衡营养的餐点，陪伴着狗狗，让它们有好体力能持续跟病魔对抗。

### 抗肿瘤时期的营养建议

1. 提高餐点吸引力，维持热量平衡，避免恶病质状态发生。

2. 配合疗程打造最佳身体状态，增强免疫力。

3. 增加协助对抗肿瘤的帮手。

注1. POLLAK, Michael. Insulin and insulin-like growth factor signalling in neoplasia [J]. Nature Reviews Cancer, 2008, 8.12: 915–928.
注2. Mauldin GE. Feeding the cancer patient. In Carey DP, Norton SA, Bolser SM, editors: Recent advances in canine and feline nutritional research. Proceedings of the Iams international nutrition symposium, Wilmington, Ohio, 1996, Orange Frazer Press.
注3. Lowell JA, Parnes HL, Blackburn GL. Dietary immunomodulation: beneficial effects on carcinogenesis and tumor growth [J]. Crit Care Med, 1990, 18:145–148.
注4. Ramesh G, Das UN, Koratkar R, et al. Effect of essential fatty acids on tumor cells [J]. Nutrition, 1992, 8:343–347.
注5. Begin ME, Ellis G, Das UN, et al. Differential killing of human carcinoma cells supplemented with n-3 and n-6 polyunsaturated fatty acids [J]. J Natl Cancer Inst, 1986, 77:2053–2057.
注6. Plumb JA, Luo W, Kerr DJ. Effect of polyunsaturated fatty acids on the drug sensitivity of human tumor cell lines resistant to either cisplastin or doxorubicin [J]. Br J Cancer, 1993, 67:728–733.
注7. Tisdale MJ, Brennan RA, Fearon KC. Reduction of weight loss and tumor size in a cachexia model by a high fat diet [J]. Br J Cancer, 1987, 56:39–43.

# 给抗癌狗狗
# 鲑鱼烤饭团

鲑鱼和鸡蛋含优质的蛋白质与 EPA、DHA 等 Omega-3 脂肪酸，西兰花与番茄含维生素 C，再加上海苔，运用这些食材能帮助狗狗增强抵抗力，以小米混合白饭的方式让狗狗能获得能量，又不至于使胰岛素剧烈上升。

做成烤饭团的形式，更能吸引生病状态下食欲不振的狗狗。要注意本餐设计上钠含量较高，有高血压、心血管疾病不适用，也因为纤维量较高，若狗狗消化道无法处理这些纤维，出现软便或拉肚子等症状，就不建议使用。

图片仅供参考，建议将所有食材打碎食用

## 鲑鱼烤饭团 Recipe

### 材料 Ingredients
总重 190g

| | |
|---|---|
| 鲑鱼中段切片 | 50g |
| 鸡蛋 | 1 颗 |

食材 A

| | |
|---|---|
| ｜西兰花 | 25g |
| ｜番茄 | 20g |
| ｜海鲜菇 | 20g |

| | |
|---|---|
| 饭团用无盐海苔 | 5g |
| 黑芝麻 | 5g |
| 白饭 | 10g |
| 小米 | 20g |
| 葵花油 | 1 茶匙（4g） |

适合我的狗的倍数：

### 营养补充品 Supplements

| | |
|---|---|
| 钙 | 240mg |
| 锌 | 5mg |
| 维生素 E | 3mg |

蛋白质 25%
淀粉 29%
脂肪 46%

※ 以代谢热量评估

### 做法 How to Cook

1. 小米洗净后加入 40g 水，放入电锅中蒸煮，煮好后闷 10 分钟。
2. 食材 A 洗净切碎，鸡蛋打散备用，小米煮熟后与白饭混合均匀。
3. 热油锅，鲑鱼先下锅煎出双面金黄后盛起放凉，去除鱼刺，食材 A 以锅内油炒熟。
4. 将食材 A、无刺鲑鱼碎肉、蛋液和熟饭一起倒入锅内翻搅至鸡蛋熟透。起锅后加入营养补充品。
5. 捏出饭团形状后放入小烤箱内烘烤 3~4 分钟，取出包覆海苔片或撒上切碎海苔。

### 营养分析 Nutrition Fact
热量 315kcal　　热量密度 1.65kcal/g

| | |
|---|---|
| 蛋白质 | 31% |
| 脂肪 | 26% |
| 总碳水化合物 | 41% |
| 膳食纤维 | 4% |
| 钠 | 0.3% |
| 钙磷比 | 1.30 |
| 灰分 | 2% |
| 脂肪酸 Omega-6：Omega-3 = 5：1 | |

※ 本餐中 EPA、DHA 总量至少 380mg
※ 以干物重评估

# 5-9 皮肤问题的饮食指南

会翻阅本章节的主人，大多是因为常碰到狗狗身上有红、肿、痒，且又抓又挠的问题吧！狗的皮肤问题，很多人以为是最简单、最好治疗的病，但事实上并非如此。

皮肤是身体最大的器官，一样也会面对许多疾病的挑战，并不是所有皮肤问题都是感染，就算真的是感染，也有许多种造成感染的病原必须区别，而且当皮肤受伤、发炎之后，整体抵抗力会变弱，让其他病原也跟着入侵，所以常演变成多重感染一起爆发，增加治疗的困难度。

很多人以为皮肤病只需要看看医生、擦擦药，搭配洗剂、药浴即可，严重一点的话，吃药打针应该就会好了吧？这其实是轻忽了皮肤病的复杂性，有的主人并不会把药好好吃完，当皮肤红肿情形消退，有些人会想停药试试，结果却造成好不容易压制下来的问题又发作起来，反反复复一直无法治愈，让人和狗狗都觉得非常疲惫。请注意，若开始了皮肤病的治疗，请一定要和医生配合，别轻易让原本可以治愈的问题变成棘手的大麻烦。

皮肤虽然只是薄薄一层组织，却要负责将体内与外界环境区隔开，让水分不易流失、病原不易入侵，我们的皮肤会不断分化、生长，长出新的细胞去替补最外层的细胞，通过持续不断的淘汰更新，来维持健康的皮肤组织。

因为皮肤细胞的快速生长，一些营养失衡、内分泌、代谢的问题会很快表现在外观上。例如，如果缺乏锌、维生素 A、维生素 E、肾上腺素与甲状腺素异常，都会导致皮肤异常，接着抵抗不了外界病原，变得脆弱、易感染发炎、毛发生长迟缓、掉毛、掉色。

## 给过敏狗的饮食建议

有些主人在几经波折，多次上医院治疗后，得到了"狗狗有过敏体质"这个诊断。根据研究，长期持续、非季节性的皮肤过敏反应，约有 50% 的狗初次发生在 1 岁以下[注1]。

常见会让狗过敏的食材有牛肉、黄豆、乳制品、猪肉、鸡肉、玉米、蛋和鱼等，这或许也跟它们经常出现在商品化狗食中有关[注2]。有研究指出，太早让幼犬离乳，更换成母乳外的食物，也可能是造成日后发展成对该食物过敏的原因[注2]。

健康动物的消化道有一层保护屏障，避免大分子的物质被吸收进到身体刺激免疫系统，但在幼犬的这层保护还没发展成熟的时候，就接触到一些不熟悉的食物，又或者食物不好被消化，这时就很可能会吸收到大分子的物质穿过肠道屏障，进入体内引发免疫反应。

其实不只幼犬，若长期接触不好消化的食物中的蛋白质，就有机会让这些大分子物质被吸收进入体内，刺激释放 IgE 抗体，肥大细胞接收到 IgE 的讯号，会释放组胺造成一连串红肿痒的发炎反应[注3]。例如，准备食物过程中不适当的加热方式，就可能导致蛋白质的结构改变，让其变得不好消化吸收，而这也是可能培养出过敏体质的原因。

急性的食物过敏会在接触食物后 4~24 小时内出现瘙痒反应，狗狗因为长期瘙痒，而一直舔或抓、咬出身上伤口，这些伤口通常出现在四肢、脚掌、鼠蹊，更容易导致皮肤进一步感染。

排除感染性或其他皮肤疾病，如果怀疑狗狗是因为食物造成过敏，而引起长期的皮肤瘙痒，我们就要开始试着揪出凶手，进行**新菜单试验（Novel food trial）**。

第一步，是开始采用从未接触过的新食材来配制菜单，为了方便观察，菜色种类越单纯越好（例如只有一种肉、一种菜、一种淀粉类），找出从前吃过的饲料品牌，列出曾用过的食材，慢慢将狗狗的食物内容更换成以前从未吃过的新鲜角色，断绝所有零食，更换定期使用的驱虫用品，并持续好一阵子观察。

切记渐进换食，观察狗狗换食状况，并慢慢变换成这份设计好的新菜单，之后持续吃 3~10 周，直到明显感觉到瘙痒减轻为止。若进行了 10 周的试验，但狗狗还是一直在抓痒，表明很有可能它的问题并非来自于食物过敏，不过当然也可能新菜单中包含了让它过敏的食材。

　　当确定新的食材中不含会造成狗狗过敏的凶手后，接下来，我们要再一次回头确认原本的食物真的会造成过敏。

　　在更换食物并且明显感觉瘙痒情形有改善后，得再一次让狗尝试旧的食物！这个步骤非常重要，为了避免误判，一定得再试一次旧食物，有的狗再次很快出现瘙痒反应，但有的狗会到 3 周后才出现，请务必耐心等待，如此才能完全确定是旧食物中的某项物质造成狗狗过敏。

　　最后一个步骤，要来一样一样挑选食材，加入至确认过不会造成狗狗过敏的菜单中，持续喂食 2 周观察，如果没有过敏反应，那么这项食物可以被认定为安全，再换下一种被怀疑的食材来做实验，如果 2 周内出现瘙痒状况，那么就记录下来，换回不会过敏的食谱，持续吃，直到瘙痒状况解除再进行下一样食材的试验。

　　过程中要一直努力，直到找出所有对狗狗来说不会过敏的食材，这些元素越多，未来能准备给狗吃的餐点就越有变化的空间。

　　其实很多主人常会因为花费太长时间进行抓凶手试验而放弃执行这项观察计划，但对于长期饱受狗狗皮肤问题困扰的家庭来说，我强烈建议务必以坚强的意志力去执行这项试验。一旦真正抓出造成狗狗过敏的元凶，列出所有狗狗可以吃和不可以吃的清单之后，将可以确保狗狗未来的日子能免去诸多瘙痒的不适，也不用常常因为皮肤反复过敏、感染的问题跑医院。

---

**疑似食物引起皮肤问题的饮食观察建议**

　　1. 执行新菜单试验，确实找出导致过敏的食材。

　　2. 可在餐点中加入抑制过度发炎的Omega-3脂肪酸。

　　3. 其他抗氧化与皮肤营养品请与兽医讨论酌量使用。

---

注1：Harvey RG. Food allergy and dietary intolerance in dogs: a report of 25 cases [J]. J Small Anim Pract, 1993; 34:175 - 179.

注2：August JR. Dietary hypersensitivity in dogs: cutaneous manifestations, diagnosis and management [J]. Compend Contin Educ Pract Vet, 1985, 7:469 - 477.

注3：Verlinden A, Hesta M, Millet S, et al Food allergy in dogs and cats: a review [J]. Crit Rev Food Sci Nutr, 2006, 46:259 - 273.

# 5-10 术后休养的饮食指南

很多人会问我，狗狗最近刚动完手术，正在休养期，或是狗狗最近生活压力很大，抵抗力变差，该怎么帮狗狗补充营养，增强抵抗力？如果狗狗最近正面临类似挑战，这里特别设计一道富含丰富维生素与造血元素的食谱，写给需要增强抵抗力的毛小孩，做法很简单，照顾狗狗之余也能轻松准备。

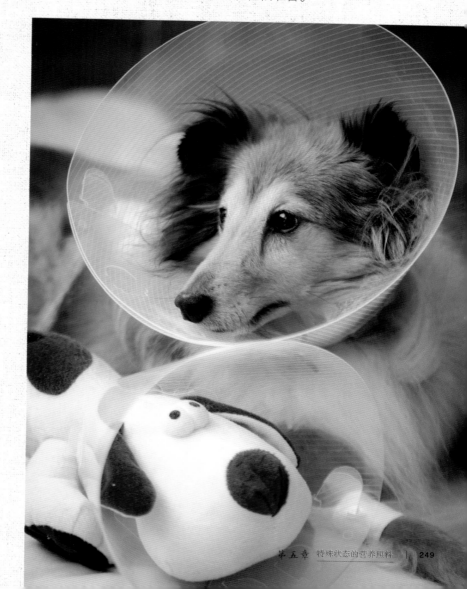

给术后休养的狗狗
# 苹果马铃薯炖肉

铁、锌、镁，是这道炖肉中都不必额外添加，就能够提供的营养。苹果、胡萝卜具备可发酵纤维，能滋养肠上皮细胞，有助于促进营养吸收。天然的维生素C、类胡萝卜素能增强狗狗的免疫力，帮助狗狗逐渐恢复健康。

图片仅供参考，建议将所有食材打碎食用

## 苹果马铃薯炖肉 Recipe

### 材料 Ingredients
总重 185g

| | |
|---|---|
| 牛后腿肉 | 60g |
| 苹果 | 40g |
| 马铃薯 | 40g |
| 胡萝卜 | 40g |
| 含碘低钠盐 | 0.2g |
| 大豆油 | 1 茶匙（4g） |

> 适合我的狗的倍数：

### 营养补充品 Supplements

| | |
|---|---|
| 钙 | 150mg |
| 维生素 E | 1mg |

※ 长期使用须加入含碘、维生素 D 的狗用综
合营养补充品

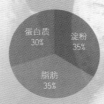

蛋白质 30%　淀粉 35%　脂肪 35%

※ 以代谢热量评估

### 做法 How to Cook

1. 所有食材切成适当大小，起
油锅，将牛腿肉、马铃薯、
胡萝卜快炒 2~3 分钟 。
2. 所有食材放入电锅内，锅加
水至食材高度的九分，开电
慢煲。
3. 煲好后继续闷约 15 分钟，冷
却后加入营养补充品即可。

### 营养分析 Nutrition Fact
热量 170kcal　热量密度 0.92kcal/g

| | |
|---|---|
| 蛋白质 | 34% |
| 脂肪 | 17% |
| 总碳水化合物 | 44% |
| 膳食纤维 | 5% |
| 钠 | 0.4% |
| 钙磷比 | 1.07 |
| 灰分 | 5% |
| 脂肪酸 Omega-6：Omega-3 = 6：1 | |

※ 以干物重评估

# 5-11 高龄期饮食指南

这几年，在关于高龄宠物的饮食照料讲座中，我最常被问到的问题就是："狗狗几岁算老啊？"我会回答："不一定。"虽然我们可以说，小型犬 10~11 岁以上、中型犬 10 岁、大型犬 8~9 岁以上可以算得上是高龄，但是我不认为可以因此把它们当老人看，然后开始转换它们的食物内容，除非它们开始有特定疾病发生，或是你观察到必须要调整的状况。

就像人类中也有保养得宜的，虽然年纪大但还是天天吃三碗饭，且坚持跑步、登山的健壮长者，所以并非到了一定的年龄，身体功能就会立刻下降。饮食是应随着身体状态的改变去作调整，但如果是为了配合高龄，而刻意将蛋白质降低，这样反而会无法摄取均衡的营养，缺乏必需氨基酸而让身体不健康，之后若真的需要对抗病魔，就更没有本钱。

真正进入高龄期，并不是以岁数界定，而是要看身体的变化。上了年纪的狗狗，可能会观察到心血管功能退化，反应与活动力下降，运动没多久就开始累了、喘了；消化功能变弱，有些食物难消化吸收，开始在粪便中出现还未消化的食物；皮肤较无弹性，肌肉量下降等，这些都是能观察到的进入高龄期的表现。

因为肌肉量减少、活动力下降，身体的基础代谢率跟着降低，每日需要的能量不像从前那么多了，若要我说狗年纪大了以后该怎么调整饮食，我会建议，依照它的活动力来降低热量，控制好完美的体态才会健康，这是首要的事，其他营养视情况调整。

这时期的狗狗，身体功能慢慢转变，心境上也会有所不同，虽然个性还是很幼稚可爱，但它们可能会开始对食物变得固执，不喜欢尝鲜，如果有时出现挑食、食欲不振的状况，请更耐心地陪伴这毛小孩一起挑选口感、香气更佳的食物。

如果它执着于特定品牌或香味，那么我们就在适当范围内尽可能满足它的需求。尽量减少环境的剧烈变动，以免因为不适应而增加它的生活压力，此时也不建议帮狗狗剧烈减肥，有时它们身体不见得能承受这样的变化。通常我会建议在迈入高龄期之前，先将体态调整好。

## 给高龄犬的饮食建议

很多人以为，狗狗上了年纪要少吃肉，这也是操之过急了。如果你的狗没有肾脏相关疾病，并不需要特别降低蛋白质摄取量，反而是因为狗狗消化能力减弱，为了不让肌肉变得消瘦，更应该帮狗选择好消化的蛋白质，或是提高蛋白质摄取量。

有的人会说，要吃清淡一点、油脂量要减少，这也并不一定，一般建议可以维持与青壮年时期相同的量，如果狗狗因为每日热量需求降低，而需要热量密度低的食物时，可以稍微降低食物中的脂肪含量；如果开始出现便秘或软便的情况，可以调整餐点中的纤维量；如果吃东西变得慢条斯理，或是吸收得比较不好，可以改为定时、少量、多餐的放饭模式，让它们每一餐都能好好地消化吸收。

维持每日 1~2 次规律、适度的运动，每次 15~30 分钟的外出散步或游戏，能维持肌肉强度，促进血液循环（甚至肠胃的血液循环），避免发胖，更重要的是，能让狗狗保持开朗、轻松的心情。大多数狗狗即使年纪很大了都还是可以享受散步、跑步以及跟主人玩游戏的乐趣。

所以，这本书不会写给读者特别的高龄期食谱，若是健康的银毛狗族群，那么请翻至第三章学习评估狗狗的身体状态，之后再参考第四章准备适合狗狗的餐点。而有特殊状态的狗狗，请翻阅本章节第五章中的相关主题，那里将可能会有适合的食谱与饮食指南。

　　这一切的一切，都只为了让狗狗可以健健康康、无忧无虑地过着一如往昔的生活。我一直觉得，狗狗并没有时间的概念，它只知道今天过得开心或是过得无趣。我总是一直在想，该用什么样的心态来陪伴我的狗——米蒂（就是本书中一直出现的小模特儿），在地球上走完这一趟平凡渺小而珍贵的旅程？

　　其实，身为狗狗最在意的人，我们只要能用尽全力呵护身边这个毛小孩，陪它畅快地做它想做的事、一起大口吃遍美食或玩一场痛快的传接球，对它来说就十分满足了。

　　狗用一辈子爱你，用一辈子的 2 / 3~3 / 4 的时间在等待你，也许年纪大了，动作变慢、反应变得迟钝、胃口变得挑剔，也变得不爱动、不爱玩，但我真的希望大家都能调整心态、放慢脚步，陪着它们慢慢地、更仔细地欣赏这个世界。有主人满满的爱，它将会是世界上最幸福、最心满意足的狗狗。

　　执笔至此，亦是本书的最末，我对于高龄狗的饮食照料，心得如此。对所有动物照料，心得亦如此。

---

**高龄期的日常照护建议**

1. 观察体态、活动力调整每日热量。
2. 依照个体健康状况，选择合适的营养指南。
3. 饮食定时定量，维持固定作息，规律运动，保证充足干净的饮水。
4. 保持口腔卫生清洁。
5. 定期预防性全身检查（至少每年2次）。

**图书在版编目（CIP）数据**

狗狗这样吃最健康 / 绘里医生编著 . —福州：福建科学技术出版社，2020.6
ISBN 978-7-5335-6130-7

Ⅰ . ① 狗… Ⅱ . ① 洪… Ⅲ . ① 犬 - 动 物 营 养 Ⅳ . ① S829.25

中国版本图书馆 CIP 数据核字（2020）第 052892 号

| | | |
|---|---|---|
| 书　　名 | 狗狗这样吃最健康 |
| 编　　著 | 绘里医生（Dr.Ellie） |
| 出版发行 | 福建科学技术出版社 |
| 社　　址 | 福州市东水路76号（邮编350001） |
| 网　　址 | www.fjstp.com |
| 经　　销 | 福建新华发行（集团）有限责任公司 |
| 印　　刷 | 福州德安彩色印刷有限公司 |
| 开　　本 | 787毫米×1092毫米　1/16 |
| 印　　张 | 16 |
| 图　　文 | 256码 |
| 版　　次 | 2020年6月第1版 |
| 印　　次 | 2020年6月第1次印刷 |
| 书　　号 | ISBN 978-7-5335-6130-7 |
| 定　　价 | 58.00元 |

书中如有印装质量问题，可直接向本社调换